智能制造系列丛书

智能制造产线建模与仿真
——ER- Factory 从 0 到 1

陈孟元　著

机 械 工 业 出 版 社

本书介绍了以MES系统为上位机的基于ER-Factory的智能制造生产线的虚拟仿真实现过程。该生产线侧重人机交互，利用机械加工设备和移动机器人来辅助人的工作，具有较强的实操性与新颖性，以及良好的示范推广价值。

全书共分为4章，包括智能制造概论及建模仿真、虚拟仿真软件——ER-Factory、ER-Factory零部件模型仿真、搭建模块模型仿真等内容。书中详细介绍了ER-Factory的软件功能与基础操作，智能制造生产线零部件的建模、设置参数和调试，以及如何将智能制造生产线的零部件搭建成子站并最终完善成一条完整的生产线。

本书内容精炼，举例翔实，可供智能制造领域的工程技术人员使用，也可作为高等院校智能制造专业的师生进行虚拟仿真的参考书。

图书在版编目（CIP）数据

智能制造产线建模与仿真：ER-Factory从0到1/陈孟元著. —北京：机械工业出版社，2020.12（2022.8重印）

（智能制造系列丛书）

ISBN 978-7-111-67117-6

Ⅰ.①智… Ⅱ.①陈… Ⅲ.①智能制造系统-自动生产线-系统建模②智能制造系统-自动生产线-系统仿真 Ⅳ.①TH166

中国版本图书馆CIP数据核字（2020）第249248号

机械工业出版社（北京市百万庄大街22号 邮政编码100037）
策划编辑：孔 劲 责任编辑：孔 劲
责任校对：张 薇 封面设计：马精明
责任印制：郜 敏
北京盛通商印快线网络科技有限公司印刷
2022年8月第1版第2次印刷
169mm×239mm · 7.75印张 · 129千字
标准书号：ISBN 978-7-111-67117-6
定价：49.00元

电话服务
客服电话：010-88361066
010-88379833
010-68326294

网络服务
机 工 官 网：www.cmpbook.com
机 工 官 博：weibo.com/cmp1952
金 书 网：www.golden-book.com
机工教育服务网：www.cmpedu.com

前　言

制造业是国民经济的根基。18 世纪以来，世界强国的兴衰史和中华民族的奋斗史一再证明，没有强大的制造业，就没有国家和民族的强盛。随着我国制造业的持续、快速发展，至今已建成了门类齐全、独立完整的产业体系，有力推动了工业化和现代化进程。然而，与世界先进水平相比，我国制造业仍然大而不强，在自主创新能力、资源利用率、产业结构水平、信息化程度、质量效益等方面仍存在差距。

机器人、大数据、人工智能、物联网等先进技术飞速发展，智能化浪潮势不可挡，智能制造已成为世界许多国家的国家战略。2015 年，李克强总理在全国两会的“政府工作报告”中提出“中国制造 2025”的国家战略。随着“中国制造 2025”的不断推进和工业 4.0 的兴起，传统工厂的生产模式正向智能制造转变。

为使读者更加系统地了解与熟悉如何将智能制造系统虚拟化，并构建模型进行仿真，本书介绍了以 MES 系统为上位机的智能制造生产线的虚拟仿真实现过程。该生产线侧重人机交互，利用机械加工设备和移动机器人来辅助人的工作，具有较强的实操性与新颖性以及良好的示范推广价值。本书介绍的虚拟仿真软件为埃夫特公司研发的 ER-Factory 2.0 版。该软件支持更多机器人品牌离线编程、生产工艺过程仿真、物流仿真（AGV、输送系统、Buffer 等）、CAM 功能（喷涂、切割、打磨等）、外部传感器功能（激光视觉、点云处理等）和生产线连线功能等。

全书共分为 4 章：

第 1 章为智能制造概论与建模仿真。简要地介绍了智能制造的时代背景与重要环节。

第 2 章为虚拟仿真软件——ER-Factory。介绍了埃夫特公司研发的 ER-Factory 的功能、安装、操作界面、基础操作。

第 3 章为 ER-Factory 零部件模型仿真。详细介绍了如何使用 ER-Factory 自定义组装机器，添加控制轴运动的关键信息，并搭建了立体仓库模型、分拣手模型、雕刻机模型、夹爪模型、传送带模型、数控加工机床模型与清洗机模型。

第4章为搭建模块模型仿真。本章在第3章的基础上将零部件模型进行了组装，搭建了智能物流平台（包含智能仓库与分拣手两部件）、激光雕刻中心（包含雕刻机与夹爪两部件），数控加工中心（包含数控加工机床、清洗机、夹爪与传送带四部件），最终搭建成一个完整的智能制造生产线，并对其进行仿真。

本书列举的智能制造生产流程图如图0-1所示。具体生产流程为：MES系统是整套系统的上位管理系统，管理和调度物流生产过程。在通过软件下单后，智能物流平台中的分拣手将原材料（原料水晶+底座）送出库，输送机器人（AGV）会将原材料送去视觉识别抓取处。机械手A会根据智能相机反馈的拍照信息对原材料进行抓取，将水晶送至内雕机加工。将底座通过传送带送至数控机床上下料的机械手B处。机床上下料机器人将底座原料上料至数控加工中心内进行加工。待底座加工完成后，将底座成品送入清洗机进行清洗、烘干工作。烘干结束后，机械手B将底座成品通过传送带传送到机械手A处。机械手A将加工好的底座放置在装配台上，人工控制装配旋转气缸进行底座打胶。最后机械手A将成品水晶放在底座上，完成组装工艺。整个生产流程完成后，MES系统下达调度命令，将成品直接入库。

本书由安徽工程大学陈孟元撰写，安徽工程大学郭俊阳、丁陵梅、于尧以及芜湖固高自动化技术有限公司袁学超等参与了部分实验和校对工作。芜湖固高自动化技术有限公司于晓东总经理对全书进行了审阅。

本书是高端装备先进感知与智能控制教育部重点实验室（安徽工程大学）团队师生多年来承担“复杂工艺下自动化产线研制”相关科研的研究成果，在撰写过程中得到了芜湖固高自动化技术有限公司的大力支持，在此表示感谢。本书的研究成果得到了国家自然科学基金（61903002）、安徽省自然科学基金（1808085QF215）、安徽省重点研究与开发计划项目（1804b06020375）芜湖市科技计划项目（2020yf59）和安徽省质量工程一流教材（2020yjsyljc028）的资助，在此表示感谢。本书在撰写过程中，参阅了许多国内外的相关著作和资料，在此也一并向这些作者表示衷心感谢。

国内相关领域的书籍和资料相对匮乏，作者希望本书的出版能够从一个全新的角度给大家提供一点帮助。

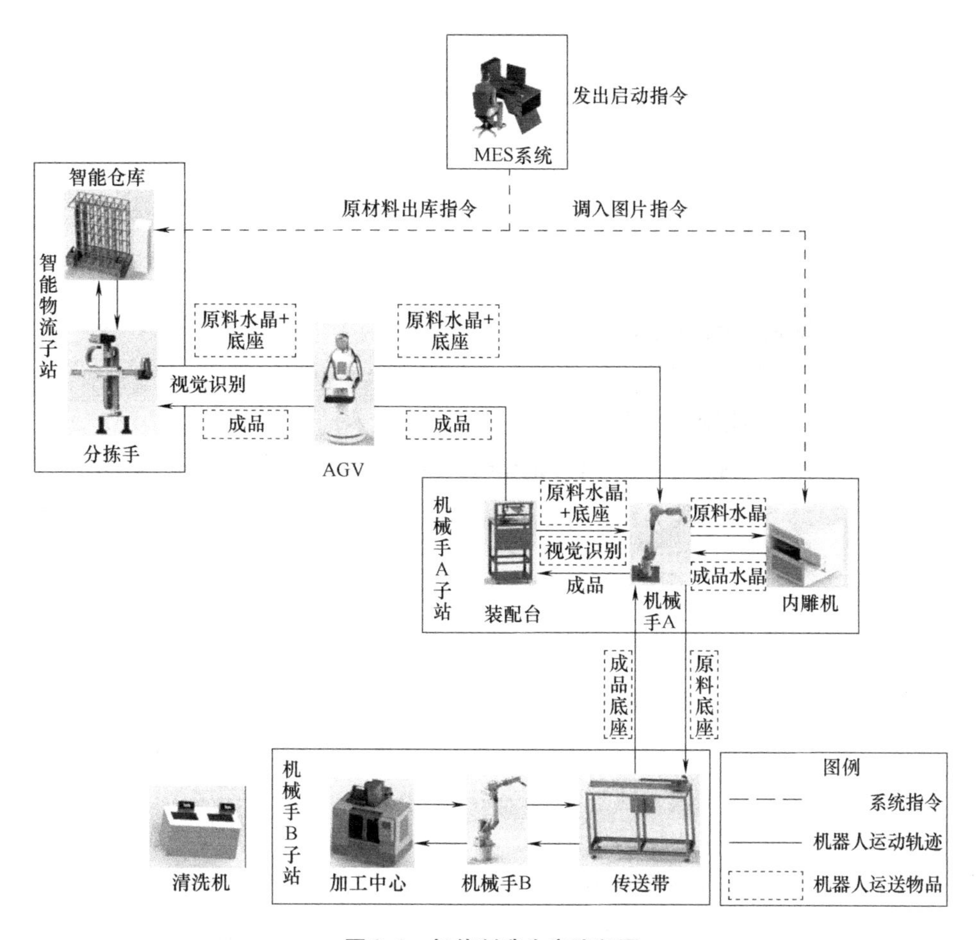

图 0-1　智能制造生产流程图

本书可供从事智能制造建模与仿真的技术人员使用，也可供高等院校本科生、研究生参考。由于作者学术水平有限，书中难免有缺点和不足之处，敬请各位专家、学者和广大读者批评指正。

作者通信地址：安徽省芜湖市北京中路安徽工程大学电气工程学院，邮编241000；E-mail：mychen@ahpu.edu.cn。读者如果需要购买 ER-Factory 虚拟仿真软件可联系本书作者或芜湖固高自动化技术有限公司。

陈孟元

于安徽工程大学

目　录

第 1 章 智能制造概论与建模仿真

1.1 智能制造的时代背景

当前，制造业仍存在着产能不足、资源浪费过多、不够智能化等问题，以第四次工业革命（德国工业 4.0）为代表的诸多优化解决方案的提出，促使制造业的智能研究不断地沿着深度和广度两个方向发展，创新并发展了物联网、工业互联网、大数据、云计算等技术，促进了制造业领域关键技术的融合，使智能制造业完成了历史性的变革。

1.1.1 制造业的发展

制造业是国民经济的重要组成部分，是国民经济的基础。自瓦特发明蒸汽机以来，从机械化到电气化，再到自动化，制造业已经经历了三次大变革，每一次技术革命都有着显著的特点。制造业的发展历程见表 1-1。

表 1-1 制造业的发展历程

发展阶段	年份	里程碑	主要成果
机械化	1760—1860	水力和蒸汽机	机器生产代替手工劳动，社会经济基础从农业向以机械制造为主的工业转移
电气化	1861—1950	电力和电动机	采用电力驱动的大规模生产，产品零部件生产与装配环节的成功分离，开创了产品批量生产的新模式
自动化	1951—2010	电子技术和计算机	电子技术和计算机与信息技术的广泛应用，使机器逐渐由计算机控制
智能化	2010 至今	网络和智能化	网络和智能化实现了制造个性化和集成化

20 世纪后半叶以来，自动化制造的发展大体每 10 年上一个台阶：20 世纪 50 ~ 60 年代的“明星”是硬件数控（Hard Numerical Control，HNC），70 年代

之后的“巨头”变为计算机数控机床（Computerized Numerical Control，CNC），80 年代后，柔性自动化技术被提出，掀起一股新的技术浪潮，同时随着计算机技术的突破，开始出现了计算机集成的制造业，但由于技术局限等原因，并未大规模应用于当时的实际工业生产。

人们在传统制造技术的基础上不断探索，吸纳各领域技术。经过几代人不断的努力，发现人工智能技术与计算机控制技术可以完美融合，并对原有制造技术不断进行更远更广的拓展，开发出了一种具有一定智能化的新型制造系统，即智能制造系统（Intelligent Manufacturing System，IMS），以及与之相对应的智能制造技术（Intelligent Manufacturing Technology，IMT）。

智能制造系统是将机器与人类思维有机高度融合的系统。该系统以智能机器为主，将智能制造技术与制造业领域的专家组成人机一体化系统进行控制与加工。其中，人类专家主要进行检测与管理，智能制造系统充分发挥智能制造技术高度柔性和高度集成的优势，借助计算机的运算速度与人类专家的经验智慧，从而延伸或替代制造环境中人脑的作用。智能制造系统可分为两类：

1）非自主型制造系统：该类系统仅是专家制造经验的归纳总结，只能满足基础制造需求。

2）自主型制造系统：该系统拥有自我学习、主动进化和设备组织的能力。初始时其与非自主型系统一样，但在不断的工作中，自主型制造系统会不断地进行学习，完善系统。

随着以遗传编程及其算法、神经网络为代表的计算机智能技术的进步，机器的自主学习能力正不断向前发展。正是由于这种技术的出现，使得智能制造系统从开始的非自主型制造系统，向着更智能、更高效、具有持续发展能力的自主型制造系统发展。

智能制造技术是指在广泛收集制造业行业内专家的制造经验的基础上，以计算机为核心，将收集到的制造经验加以存储、分析、共享、发展，从而模拟专家在生产时所做出的一系列分析与决策，并控制各种机械，使它们可以协调工作，将整个生产线融合成一个系统。该系统的最大优势在于可以柔性管理机器的运行，大幅提高生产率，形成系统运行的高度集成化。智能制造技术自出现以来，多方面多角度的代替了部分人类所从事的脑力劳动，是一种先进的制造技术，大幅度地解放和发展了生产力。

20 世纪 90 年代以后，世界各国发现了 IMS 和 IMT 的广阔前景，并投入大量资源进行发展，主要原因如下：

1）集成化的应用与发展需要智能化的支持。制造系统从出现、应用、发展，已成为一个庞大而复杂的系统。该系统经过多年的发展所积累的生产经验表明，生产过程中的人机交互必须使用智能装备（如智能机器人等）才能实现。智能化的缺失必然会影响集成化的实现。

2）智能化机器的工作方式具有灵活性和优越性。不同于集成制造系统必须采用集成系统的方式才能工作，智能化系统既可以控制整个生产系统，也可以应用于单独的机器，单独的机器又可以发展成一种智能模式或多种智能模式，从而体现出智能化机器的灵活性和优越性。

3）智能化的经济效益远高于集成制造系统。相比之下，目前的计算机集成制造系统（Computer Integrated Manufacturing System，CIMS）的使用需要巨大的资金投入，一套系统的价格从几千万到数亿元甚至更高，大多数企业都无法承受。CIMS 开始运行工作后，其维护修理的费用也十分高昂，且投入运行必须废弃原有的设备，自然难以推广。

4）智能化可有效提高生产率。人工智能与计算机管理的结合大大降低了招收员工的门槛，即使是从未接触过智能制造行业的工作者，也能通过培训，在短时间内直接通过视觉、对话等智能交互方式对智能制造系统进行管理，有效提高生产率。

1.1.2　全球制造业的转型现状

从 20 世纪 80 年代以来，社会经济快速发展，社会生产方式和人们的生活方式都发生了巨大改变，产品性能大幅提升、产品功能更加多样化。制造所需的信息量猛增，导致原有的生产线与生产设备已无法满足新型产品的生产需求，制造业发展的热点很大程度上转向了提高制造系统处理海量信息的能力、处理效率以及处理规模之上。制造业的生产模式也已经由能量侧重驱动型生产转变为信息侧重驱动型生产。最直观的改变就是投入的资源在不断减少，而产出效率在不断增加，这一转变对整个制造业提出了全新的要求。首先就是如何高速高质量地处理这些海量信息。其次，当前产品的更替周期相比以前大幅缩短。如果企业制造系统发展停滞不前，则企业被淘汰将不可避免，这也是对智能制造系统生产企业的一个重大考验。

先进制造业和智能制造业的经济占整个国家经济的比重已经成为衡量一个国家发展程度的重要指标之一。经历了次贷危机的美国也在通过推行智能制造战略推动经济发展。从2009年起，以美国为首的众多制造业发达国家相继出台了众多与制造业相关的战略计划，其中美国大力推进“再工业化”和“制造业回归”战略，将发展本国智能制造业列为制造业项目的重中之重。

“再工业化”的目标分为短期与长期，短期内的目标就是刺激经济复苏。经历了次贷危机之后，美国失业人口大幅增加，激发了社会矛盾，而“再工业化”的提出就是为了让失业人口重新获得工作岗位，缓和社会各个阶层的矛盾，培养新的经济增长点，使经济回归平衡模式。从长期来看，是为了跟上新一轮产业革命的步伐，规划国家未来的发展方向，重新获得国家的竞争优势。近年来，美国许多制造公司都将其发展重心放在了互联网技术的发展上，谷歌等大型公司向智能机器人、智能制造业等领域的偏移，都是美国“再工业化”战略的具体表现。

21世纪，从基于信息与知识的产品设计、制造到生产管理将成为知识经济和信息社会的重要组成部分。在此背景下，智能制造的提出必然得到学术界和工业界的广泛关注。

1.2 智能制造的重要环节——虚拟实验

1. 智能制造虚拟实验的重要性

虚拟实验建立在一个虚拟的实验环境（平台仿真）之上，注重的是实验操作的交互性和实验结果的仿真性。

虚拟实验又称电子实验和动态体验，虚拟实验的效果在于能与现实结合，通过实验来确定我们生活中是否能完成现在的实验现象。

虚拟实验的最大特点在于它可以在虚拟环境中模拟出真实的实验与工作场景。无论是企业的员工进行工作培训，还是学校的学生进行教学实验，虚拟实验都是一个重要环节。它对于制造行业来说是不可或缺的一部分。首先，企业的生产线能否稳定长久运行，决定着企业的经济命脉。而虚拟实验正是检测生产线是否存在问题的重要手段之一。它可以实时模拟生产线的生产情况并反映出来，无须任何资金投入就可以发现、解决生产中的安全隐患。其次，企业还可以通过智能制造仿真实验项目，了解智能制造工厂的生产工艺流程，进而根据自身的情况，明确自身的需求与改进方向，由此知道如何开展属于自己的智能生产制造。

从学校教学方面看，可以让学生通过智能制造仿真实验项目知道智能制造工厂的生产工艺流程，掌握各个生产环节的知识点，并不断优化智能制造技术方案，培养智能制造需求的管理实施人才。

2. 智慧工厂虚拟实训的必要性

三维虚拟加工生产线的模拟仿真系统是判断企业生产是否可行的必要手段。通过三维仿真可以更加直观地观察工厂的实时工作状态，也更加符合现实。智能制造工厂仿真实验有如下优点：

1）解决了实体实验成本高昂的问题。智慧工厂的占地面积大，必须建设专用厂房。生产线的价格昂贵（通常千万元起步），设备必须在特定环境下运行，维护成本高昂。而仿真实验投入较少，可重复使用现有的实验室，维护成本低，且无环境污染，很好地解决了实体实验成本高昂的问题。

2）解决了实体实验效率低下的问题。智慧工厂多为无人化工厂，有着极其严格的进出制度，申请程序烦琐且审批时间长，而且工厂接纳实习的人数很少，绝大多数只提供参观，学员无法动手操作了解工厂生产线。仿真实验以真实工厂为对象，通过手机、PAD 及 PC 等终端，可以随时随地开展仿真实验，很好地解决了实体实验效率低下的问题。

3）解决了实体实验安全性低的问题。由于智慧工厂由许多条生产线交错组合而成，工业设备繁多，生产步骤复杂，占地空间大。以工业机器人为例，机械手工作期间都有安全距离，且有围栏或隔断，以防有人误入或机械手误操作而造成人身伤害。而仿真实验用机器人虚拟仿真技术将工厂的实物对象进行虚拟建模，搭建工厂的流水线，既可以让学员获得沉浸式的体验效果，又很好地解决了实体实验安全性低、危险性高的难题。

3. 机器人编程

现今工厂中相当一部分工作都由机器人代替，因此在虚拟仿真中如何正确构造机器人并对其下达工作指令至关重要。通过软件编程可以了解机器人的运动方式、机械手的工作顺序以及生产系统的工作流程，也可以对所用的生产系统进行设计和模拟仿真。

离线编程系统相比于在线编程系统，具有如下优点：

1）通过模拟仿真可以避免实际环境中存在的危险。

2）离线编程系统没有硬件需求，可以对各种类型的机器人进行编程仿真，并能随时修改、优化机器人程序。

3）离线编程系统易与 CAD/CAM 系统相结合，形成 CAD/CAM/ROBOTICS 的一体化系统。

第 2 章　虚拟仿真软件——ER-Factory

2.1　软件功能介绍

埃夫特数字化工厂虚拟仿真软件 ER-Factory 是以辅助用户快速制定工业自动化项目实施方案，实现工业机器人离线编程、生产过程仿真及在线监控和生产信息收集及管理为主要目标的软件解决方案。该软件支持更多品牌的机器人进行离线编程、生产工艺过程仿真和物流仿真（AGV、输送系统、Buffer 等），具有 CAM 功能（喷涂、切割、打磨等）、外部传感器功能（激光视觉、点云处理等）和生产线连线功能等。

通过 ER-Factory 软件可以将建好的三维模型导入，并挑选出所需要的机器人进行空间布局、离线编程与干涉检查等操作，还可以通过软件了解机器人的运动方式，也可利用软件对设计的加工过程进行模拟仿真。

ER-Factory 软件具有以下功能：仿真环境中通过虚拟示教盒操作机器人运动，可用于教学；CAD 模型导入功能（支持 stp、igs、stl、dxf 和 3ds 等格式）；可通过各种标定方法，准确计算仿真环境中模型的位置及摆放姿态；可在三维模型上添加轨迹点，并可以对轨迹点位置姿态进行优化处理；具有轨迹调整优化功能；支持草图绘制功能，可以在参考平面内绘制各种规则线条，并生成轨迹点；支持轨迹数据导入功能（通过导入 CAD 文件，自动生成空间平面内轨迹，导入 G 代码自动生成空间刀路轨迹）；支持多种编程模式选择（末端 TCP、外部 TCP）。此外，ER-Factory 与全国机器人技术应用技能大赛指定软件无缝对接，含有相关类型的模型；支持不同类型的机器人（6 轴串联、Delta 和 Scara 等），支持自定义机构仿真；支持外部附加轴，轴数不限，可根据需要配置 7 轴、8 轴、9 轴等多轴机器人和传动机构联合系统，可配合仿真软件使用；可根据机器人轨迹点位置姿态数据进行计算，并自动计算机器人运动程序数据，进行后置处理，支持贝加莱、Keba 和固高等文件格式（也可以支持其他品牌机器人文件格式)；支持控制器间的在线通信；支持多机器人同步运动仿真；支持工厂自动化仿真功能，具备 AGV、传送带、Buffer 和 Human 等物流过程仿真功能，并可以与 MES 系统连接。

2.2 软件安装

1. 加密狗安装

1）解压文件后打开安装程序文件夹 ER_Factory_Setup，用鼠标双击 HASPUserSetup. exe 应用程序文件，开始安装加密狗驱动程序，单击“Next”进入下一步。加密狗安装流程图 1 如图 2-1 所示。

图 2-1 加密狗安装流程图 1

2）在图 2-2 中，选择“I accept the license agreement”，再单击“Next”按钮，进行软件安装。

3）等待安装完成后，单击“Finish”按钮，结束安装步骤。加密狗安装流程图 3 如图 2-3 所示。

图 2-2　加密狗安装流程图 2

图 2-3　加密狗安装流程图 3

2. ER Factory 软件安装

1）安装完成加密狗驱动程序后，双击 Setup. exe 开始安装 ER Factory 软件。在图 2-4 中，选择“我接受该许可证协议中的条款（A）”，并单击“下一步（N）”按钮，进入下一步操作。

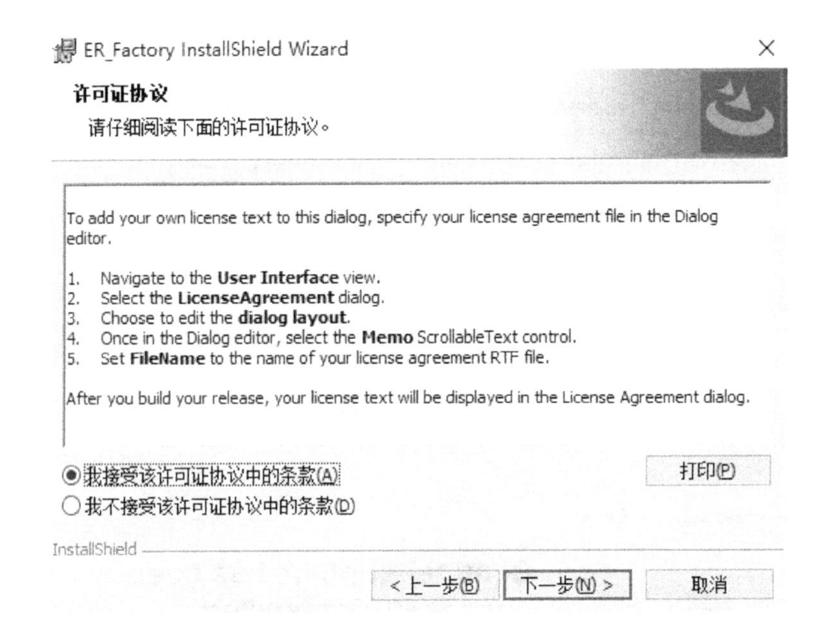

图 2-4　软件安装流程图 1

2）在图 2-5 所示界面中可以填写用户姓名与单位信息，如果不是特别需要，也可以使用默认信息，并直接单击“下一步（N）”按钮，进入下一步操作。

3）在更改安装目录位置后，单击“下一步（N）”按钮，进入下一步操作，如图 2-6 所示。

4）确定所有设置的信息无误后，单击“安装（I）”按钮开始安装软件，如图 2-7 所示。

5）软件安装完成后，单击“完成（F）”按钮退出安装界面，如图 2-8 所示。

6）软件安装完成后就可以使用了，但是该软件没有自带的快捷方式，为了方便使用，可以从主菜单中找到 ER_Factory. exe，并将其作为快捷方式放置在桌面上。ER_Factory 软件图标如图 2-9 所示。

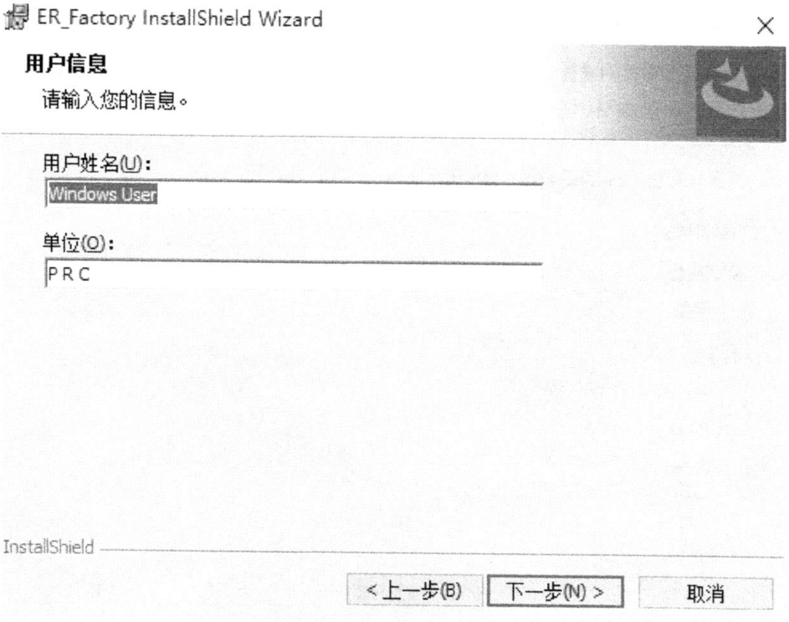

ER_Factory InstallShield Wizard

用户信息

请输入您的信息。

用户姓名(U)：

Windows User

单位(O)：

PRC

InstallShield

< 上一步(B)　下一步(N) >　取消

图 2-5　软件安装流程图 2

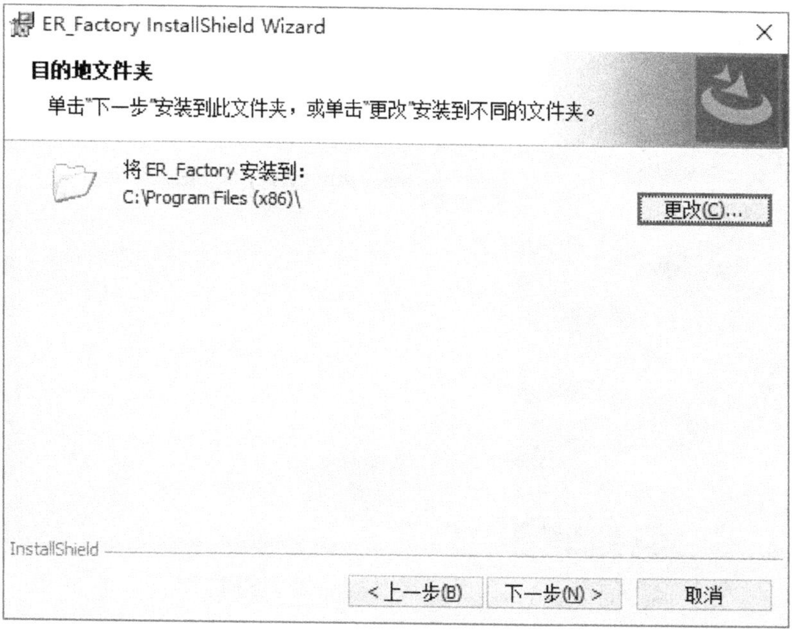

ER_Factory InstallShield Wizard

目的地文件夹

单击"下一步"安装到此文件夹，或单击"更改"安装到不同的文件夹。

将 ER_Factory 安装到：

C:\Program Files (x86)\

更改(C)...

InstallShield

< 上一步(B)　下一步(N) >　取消

图 2-6　软件安装流程图 3

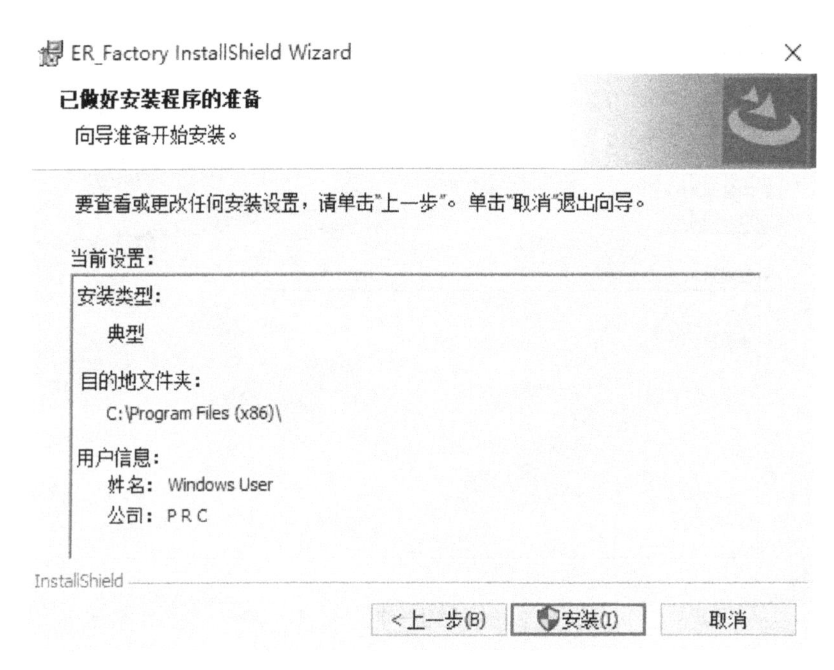

图 2-7　软件安装流程图 4

图 2-8　软件安装流程图 5

图 2-9　ER_Factory 软件图标

2.3　操作界面

ER-Factory 操作界面如图 2-10 所示，包括导航栏、设置页（“资源”设置页、“属性”设置页、“关节”设置页和“移动操作”设置页）、3D 区域、状态栏、坐标系图标、场景区和功能区等多个区域。

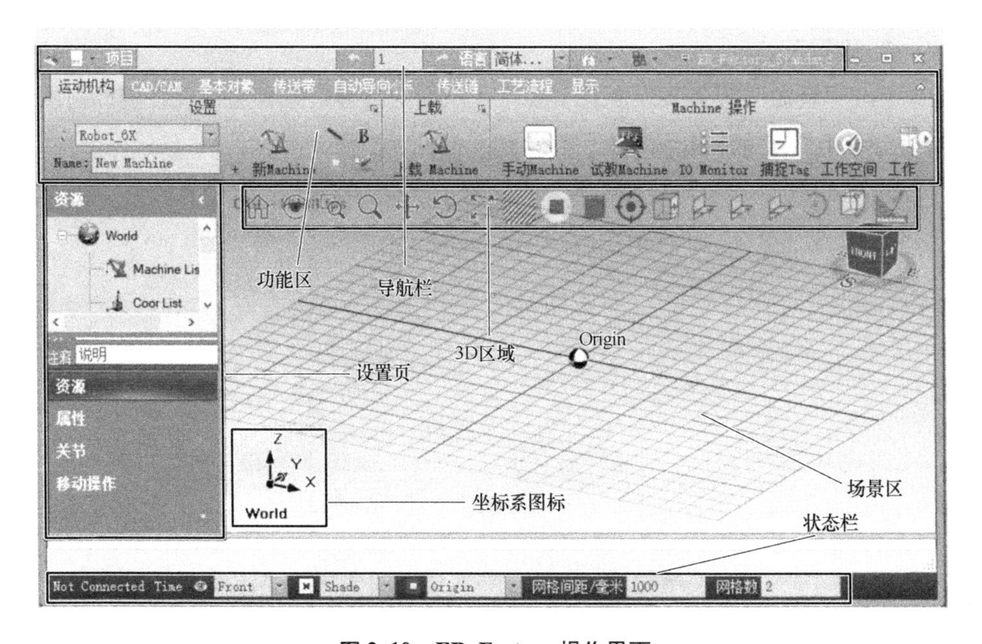

图 2-10　ER-Factory 操作界面

1. 导航栏

导航栏是 ER-Factory 软件操作界面最上方的一行，用于对软件进行简单说明，让使用者能够对软件有一个基本的认知。导航栏窗口如图 2-11 所示。

图 2-11　导航栏窗口

导航栏的基本功能见表 2-1。

表 2-1　导航栏的基本功能

图　标	说　明
	可更换背景
1	可对一些操作进行撤销
语言 简体...	用于更换语言，有简体中文和英文两种通用语言选择
	单击下三角会有“帮助文件”和其他操作接口
	单击下三角，可对项目文件进行“保存”“打开”和“输出”等操作

2. 设置页

(1)“资源”设置页（见图 2-12）　添加的各种对象都会出现在资源树的对应分支中，可选中相应对象，并对其进行各种操作。

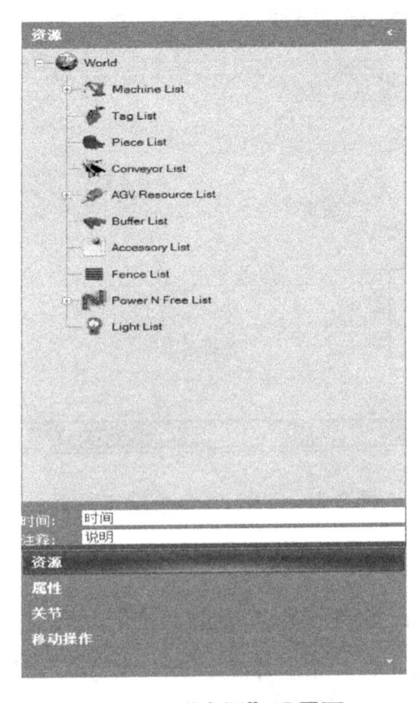

图 2-12　“资源”设置页

（2）“属性”设置页　选中“资源树”下的对象，单击“属性”，即会出现该对象的属性值，可在其中进行修改。

（3）“关节”设置页（见图 2-13）　选择软件提供的关节对象对应的三维模型（“+”表示增加，“-”表示删除），设置关节运动类型，包括 simple_fixed（简单固定类型）、simple_lined（简单线性类型）、simple_rotary（简单旋转类型），设置 Axis Vector、下限、上限、速度、加速度和加加速度等相关参数。其中“下限”“上限”“速度”“加速度”“加加速度”等参数根据配置 Machine 的实际情况填写；“Axis Vector”为轴旋转的方向，按实际旋转方向选择合适的轴，当运动体运动的方向不是沿着 X、Y、Z 轴，可在“vx”“vy”“vz”和“va”中设置旋转的角度，“vx”“vy”“vz”的默认值为 0 或 1，当为 1 时，即表明偏移该轴“va”个角度。

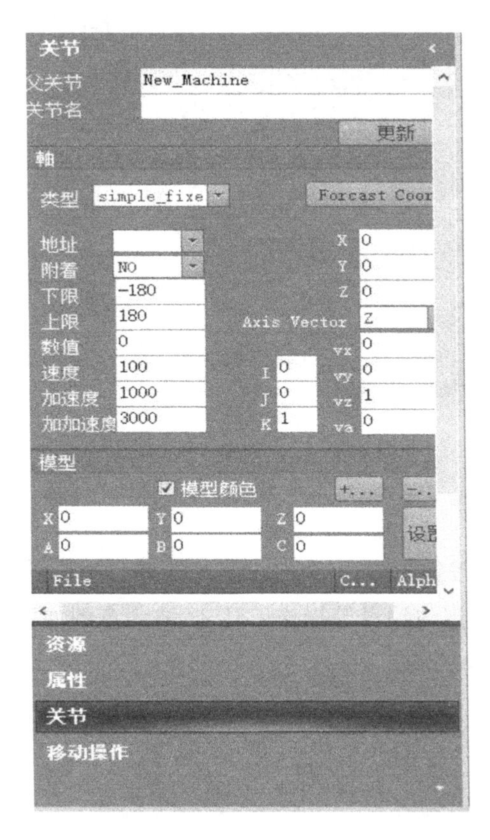

图 2-13　“关节”设置页

（4）“移动操作”设置页（见图 2-14）可在三维环境中直接显示对象的

位姿，也可在其中直接输入坐标值来确定对象的位姿。移动方式分为“绝对：（参照　世界）”和“自身：（参照　自身）”两种。

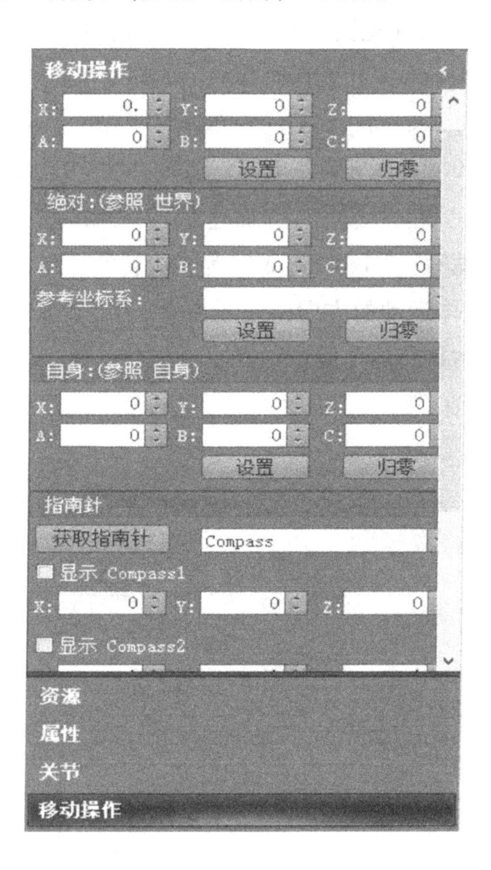

图 2-14　“移动操作”设置页

3. 3D 区域

通过 3D 区域的按钮可对呈现在场景区三维环境中的物体进行放大、移动、旋转、智能捕捉点与测量等操作。3D 区域示意图如图 2-15 所示，3D 区域功能说明表见表 2-2。

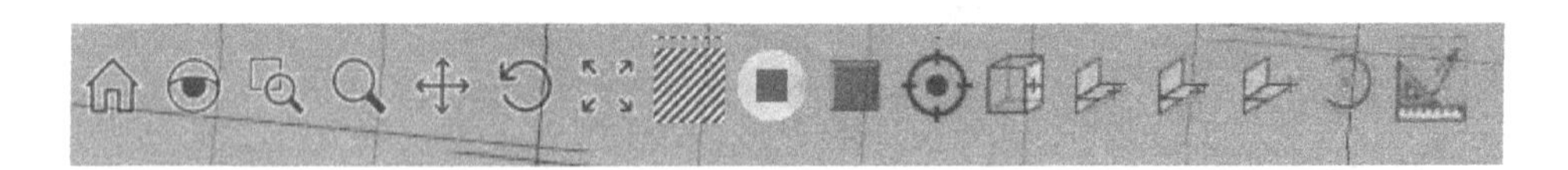

图 2-15　3D 区域示意图

表 2-2　3D 区域功能说明表

图　标	说　明	图　标	说　明
	正视于物体		可剖视平面（结合 Compass（指南针）移动）
	局部放大		暂停跑动的流程
	框选区域放大		选取圆的中点
	单击，移动鼠标放大		选取面的中点
	移动		选取面上的任意一点
	旋转		选取边上的任意一点
	缩放		选取边的中点
	立体效果		选取边上的末端点
	测量工具		选取三点确定 compass

4. 状态栏

状态栏是 ER-Factory 操作界面最下面的一部分，其主要作用是通过切换坐标和视图方位使得用户能够更好地对场景区的 3D 模型进行细致的操作。

1）（视图）：Front（前）、Back（后）、Left（左）、Right（右）、Top（上）、Bottom（下）、Iso（等距）。

2）（显示类型）：Wire（线）、Shade（阴影）、Render（渲染）、HiddenLines（隐藏线）、Flat（平面）、Bounding Box（边界框）。

3）（可通过单击进行隐藏和显示的切换）：Origin（世界坐标原点）的隐藏和显示、Extents（范围）、Vertices（对象顶点数）的显示和隐藏、Grid（网格）的隐藏和显示、User_Coor（用户坐标）的隐藏和显示、AutoHide（自动隐藏）超过可视区域自动隐藏、ScreenLine（屏幕线）表示坐标不随区域的放大而放大。

4）网格间距/毫米：可通过手动输入值来修改网格间距，调整网格大小。

5）网格数：输入网格的数量，在三维环境中会实时显示相同数量的网格数。

2.4 基础操作

2.4.1 鼠标操作和键盘操作

1）按压鼠标滚轮后移动鼠标，可进行视角的旋转。

2）滚动鼠标滚轮，可进行视角的缩放。

3）用鼠标左键单击三维环境中的对象，表示选中该对象以进行下一步操作。

4）用鼠标左键选中对象，再单击鼠标右键，显示“移动操作坐标系”，在此时的状态下，才可以对三维环境中的对象进行移动布局。

5）在三维环境的空白处双击鼠标左键，可将坐标系转换成“World”（世界坐标系），双击对象自身，坐标系会转换为双击对象的自身坐标系。

6）选中对象后，按下键盘上的“Space”（空格键），会隐藏当前选中的对象，当再按一次，对象又可显示出来。

7）快捷键：用“Ctrl+M”可打开“示教Machine”对话框；用“Ctrl+N”可打开“手动示教”对话框；用“Ctrl+F”可进行放大。

▲注意：

1）鼠标的选择方式有四种：None（不显示）、By Pick（选择）、By Pick Box（框选）、Dynamic（动态选择）。在三维环境中的空白处单击鼠标右键，弹出对话框，在“Selected By Mouse”（鼠标选择）中可进行几种鼠标选择方式的切换。

2）处于“By Pick”选择方式时，鼠标在三维环境中会显示为一个“白色的正方形”，在此鼠标选择方式下，才可以选中物体，从而进行移动。

2.4.2　移动操作

1. 简单移动

1）选中要移动的对象，单击鼠标右键，出现“移动操作坐标系”，可通过手动拖动“移动操作坐标系”或者在“移动操作”设置页中直接输入坐标值来到达目标位置。

2）在操作界面中“移动操作坐标系”红色为X轴，绿色为Y轴，蓝色为Z轴，当选中某个轴进行拖动时，该轴会变成黄色。

▲注意：

1）选中要移动对象后单击鼠标右键，出现的“移动操作坐标系”的位置是其自身Base Point（基点）的位置。

2）在移动对象时，要保证参考坐标系为“World”（世界坐标系），否则，在自身坐标下进行移动只会移动自身模型的位置。

2. 使用辅助坐标移动

1）在三维环境场景区的空白处单击鼠标右键，在弹出对话框“Compass Frame”（指南针选择框）中单击“Show/Hide”（显示/隐藏），使其为勾选状态。

2）使用智能捕捉点工具，在目标点处选取点，出现“Compass”（指南针）坐标，在“World”坐标系下单击鼠标右键，使“移动操作坐标系”显现出来，单击“移动操作”面板上的“获取指南针”，勾选后面的“Show”（显示），在目的点会出现 Compass1 。

3）同样操作，取消“Compass”坐标的显示，选中要移动的对象，单击鼠标右键，使之出现“移动操作坐标系”。

4）在“移动操作”设置页上“参照世界”里将“参考坐标系”选为“Compass1”（指南针1）（是为了与后续设置的其他指南针区分），单击设置即可。

▲注意：

1）“指南针X”是可重复获取的。

2）若重复使用“Compass1”，在“参考坐标系”处要先选择其他任意的参考坐标，再选择“Compass1”，此操作的目的是对“Compass1”的坐标值进行刷新。

3）在获取了点之后要牢记隐藏“Compass”，因为在“Compass”为显示的状态下，参考坐标系就自动参照“Compass”，因此所有对象的“移动操作坐标系”都会直接显示在“Compass”坐标处，这可用于“移动操作坐标系”离移动对象很远的情况下。

2.4.3 联动流程操作

1）添加工艺流程示意图 1，（见图 2-16）。在位置 1“工艺流程”选项页中单击“工作流”按钮，打开“VR_Process_Flow”（VR 流程）设置对话框，单击位置 2“增加任务集”按钮，在弹出的“HeadFrm”（头文件）对话框（见图中位置 3）中输入任务集的名称，单击“确定”按钮。

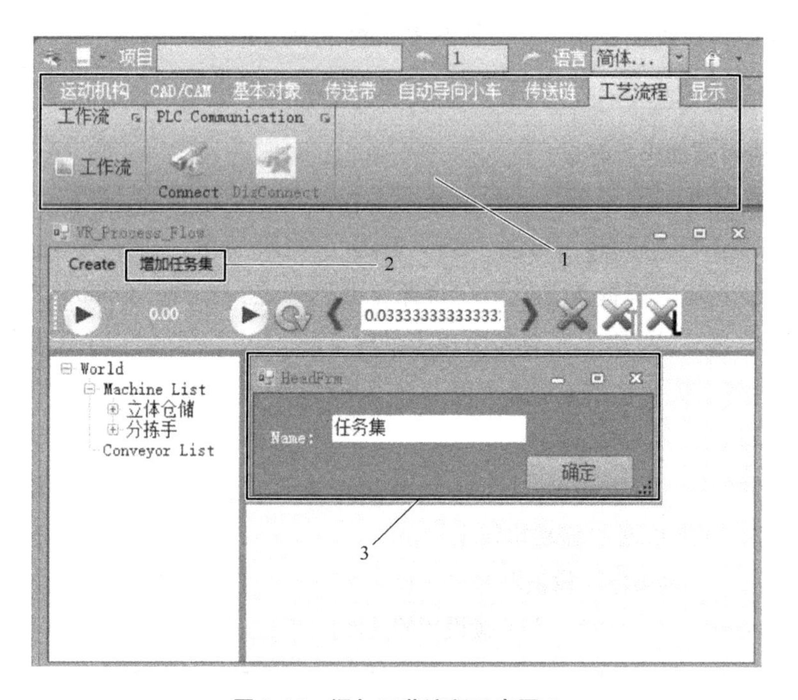

图 2-16 添加工艺流程示意图 1

2）添加工艺流程示意图 2（见图 2-17）。位置 1 处为任务对象，将其下“仓库”和“分拣手”两个任务拖进位置 2 所示的“任务集”处。因为一个任务集里最少需要两个任务才可以进行联动，所以当只有单个任务时，可创建一个空任务，再将其拖进任务集中。

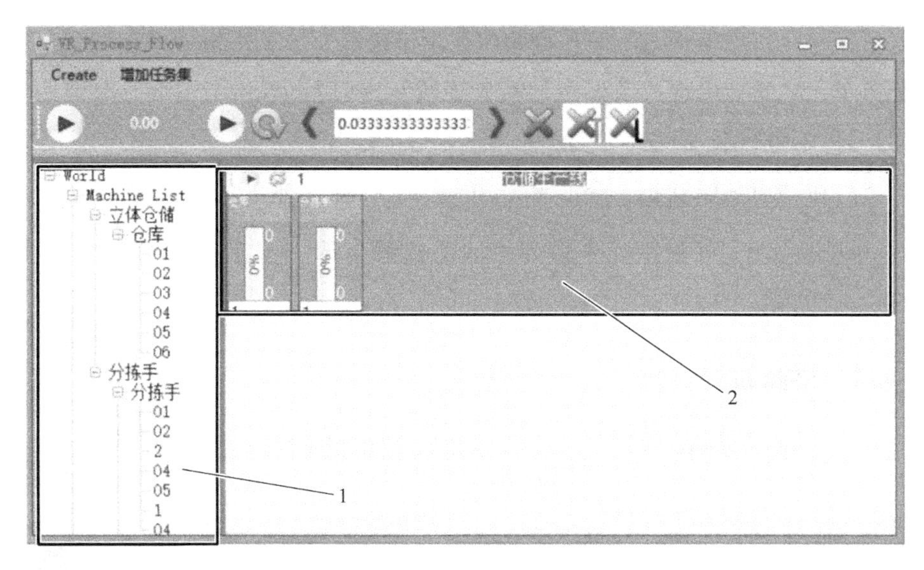

图 2-17　添加工艺流程示意图 2

3）双击图 2-17 中位置 2 的灰色空白处，任务集框会出现蓝色的线，这时的任务集框为“可编辑状态”。添加工艺流程示意图 3 如图 2-18 所示。

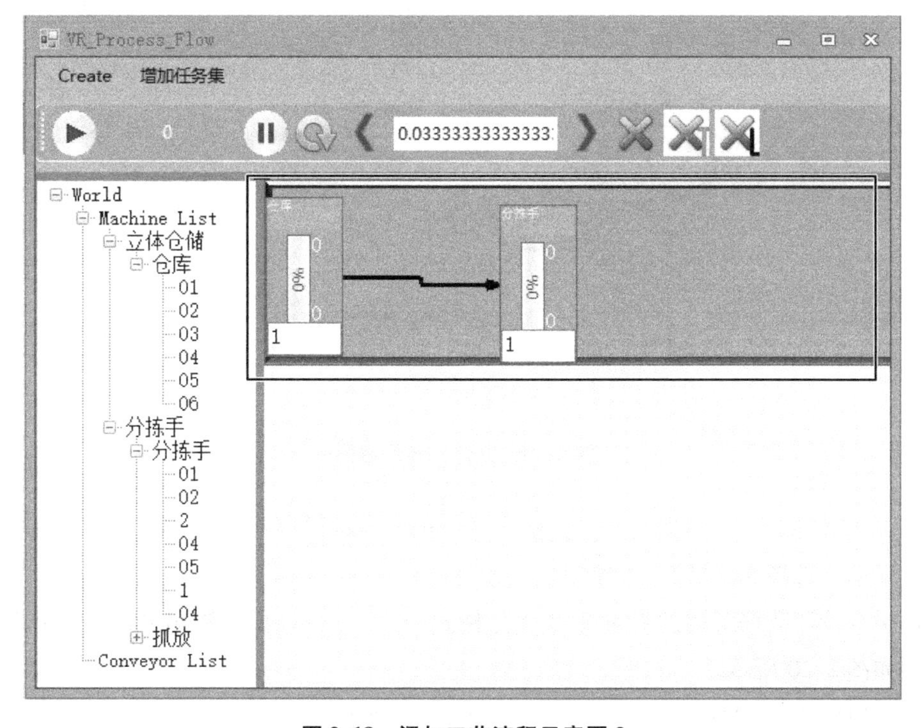

图 2-18　添加工艺流程示意图 3

4）在“可编辑状态”下，按顺序依次用鼠标左键单击拖进来的任务单元（任务单元之间会出现一条黑色的箭头连线），然后再双击空白处，取消任务集的“可编辑状态”。

5）在“可编辑状态”下，单击按钮可删除拖进任务集中的任务单元，单击按钮可删除任务单元之间的连线，单击按钮可删除当前任务集。

2.4.4 平面布局输出

首先调整需要输出的视角，立体视角示意图如图 2-19 所示。

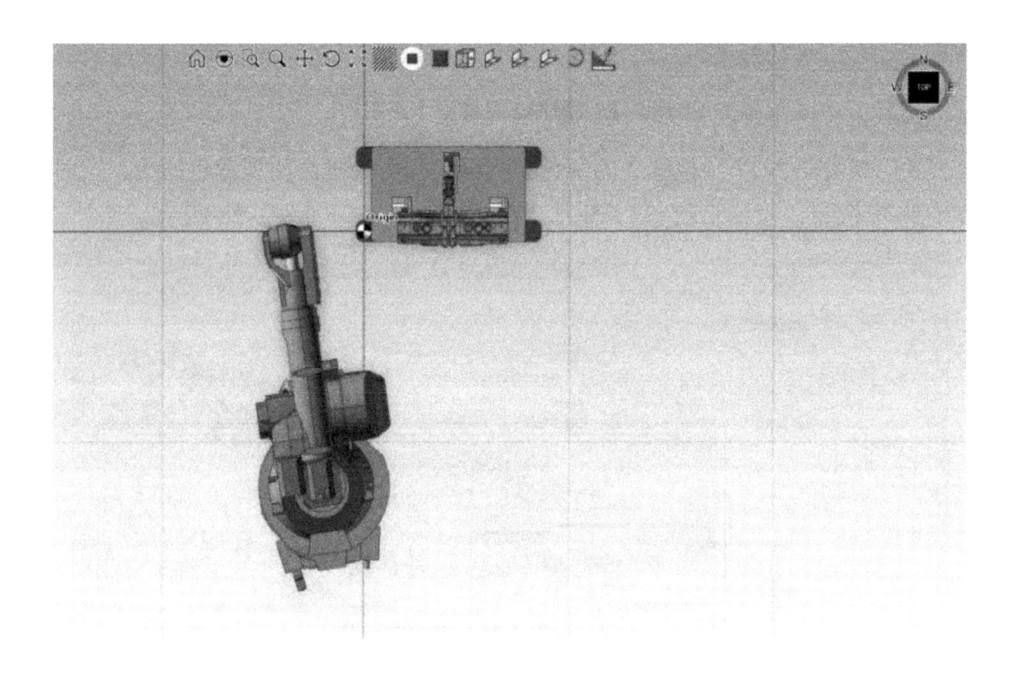

图 2-19 立体视角示意图

选择导航栏中的文档菜单，单击“Export Model”（模型搜索），打开输出对话框，选择 dwg/dxf（计算机辅助设计软件 AutoCAD 以及基于 AutoCAD 的软件保存设计数据所用的一种专有文件格式。）后进行输出。输出 dwg/dxf 示意图如图 2-20 所示。

使用 AutoCAD 打开输出文件，如图 2-21 所示。

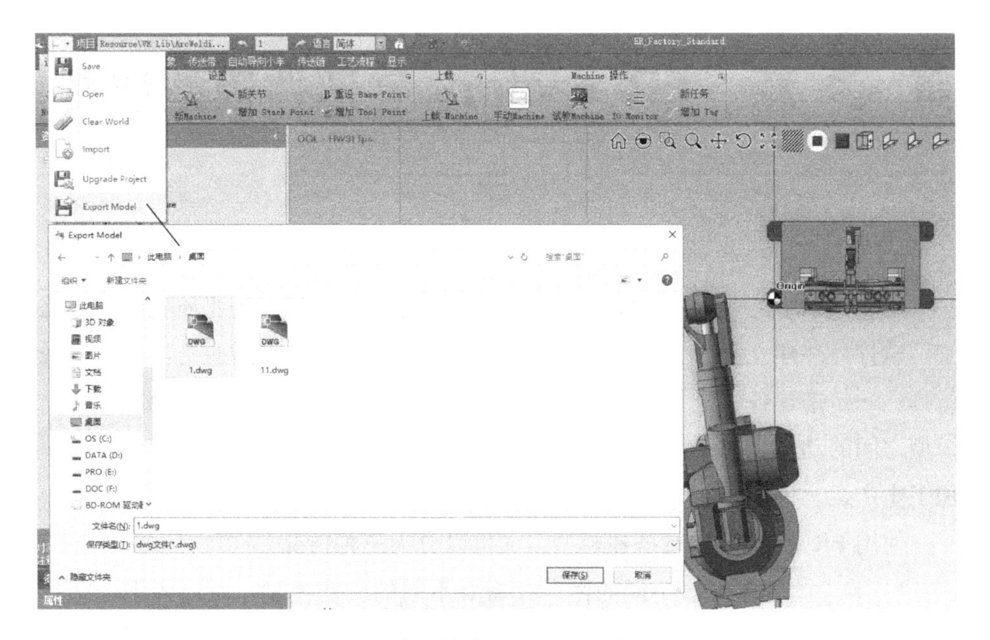

图 2-20　输出 dwg/dxf 示意图

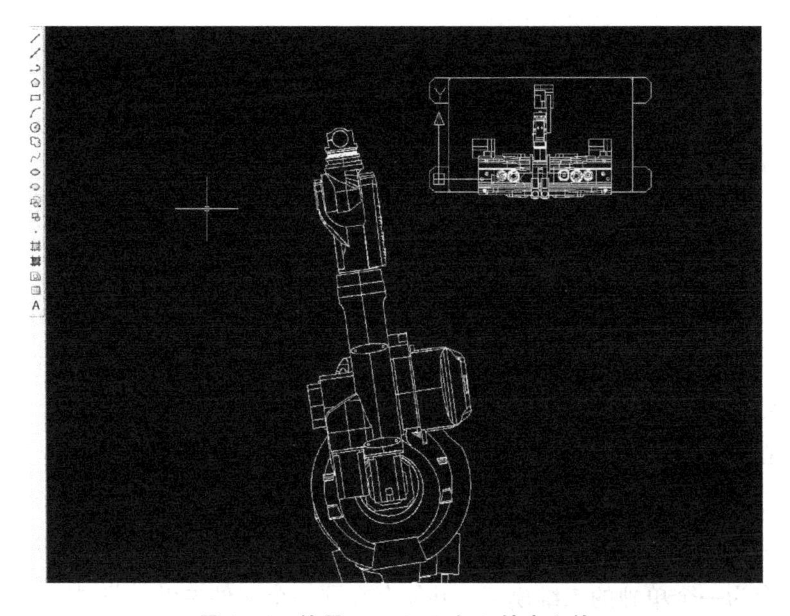

图 2-21　使用 AutoCAD 打开输出文件

第3章　ER-Factory零部件模型仿真

ER-Factory是一款功能强大的、可以模拟仿真各种各样产业环境的数字化工厂软件。在建立整个生产线系统的过程中，该软件主要通过两个步骤来实现仿真：一是搭建各个机器模型，模拟其移动、转动等机械动作；二是协调各个模型之间的动作，并将几个机器模型进行编程组合，组成一条协同运作的工业加工生产线。构建Machine（机器）的流程图如图3-1所示。

使用ER-Factory进行搭建模型，又可以分为三种情况。

1）自主搭建模型。不同的生产线需要不同的机器模型，对应各生产线的需求也不尽相同，所以在大多数情况下，需要用户自行搭建自己所需要的机械模型。在搭建模型的过程中，需要绘制组成模型的各个零件，并将其进行相应的组合，组成一个完整的机械模型。

2）半成品搭建模型。半成品搭建的模型在文件库里大多都是已经做好的，操作十分便捷，提取调用出来后，只需要添加模型的部分零件或调整模型形态即可。第3、4章涉及的相关半成品模型可在本书最后所附的二维码中下载。

3）成品搭建模型。成品搭建模型和半成品搭建模型的方法类似，直接在已经搭建好的库文件里调用即可。成品搭建导出之后可以直接使用，不需要像半成品模型那样再进行调整。如需调整时，可以直接在成品模型上进行调整。

搭建模型的整体思路都是相同的，但是有一些需要注意的不同之处，相关内容会在后文中具体分析介绍。

1. 三维模型准备

将建立的机器人按照关节自由度分类，以便后期搭建。将机器人每个关节分别保存为一个单独的三维模型，并储存在同一个文件夹里。若同属于一个关节，即便颜色不同也需要单独保存，如图3-2中所示的“Axis1_Black.stl”，其含义为“Axis1号机器人的黑色关节”。文件夹应存放在“Resource\MTD Lib\Machine Lib\Fanuc”目录中，且命名不得含有中文。AM-120iC型号机器人的

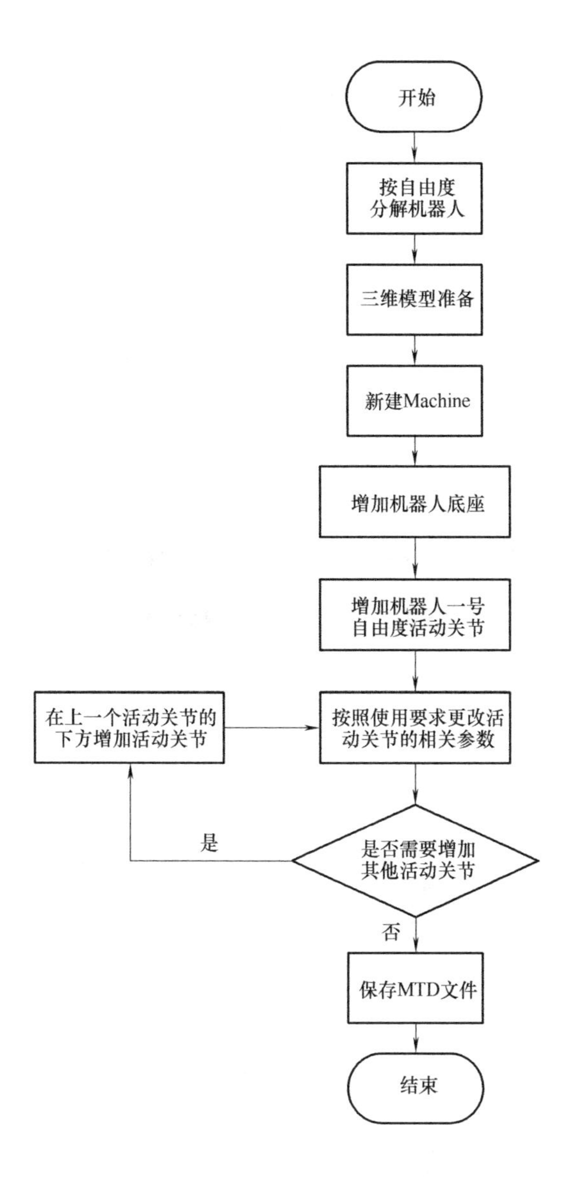

图 3-1　构建 Machine（机器）的流程图

关节文件夹示意图如图 3-2 所示。

2. 新 Machine

在建立新的 Machine 前需要选择建立 Machine 机器人的类型，建立不同的机器人就需要选择相应的 Machine 类型。Machine 类型具体介绍见表 3-1。如需要构建的模型是六关节串联机构机器人，就需要选择“Robot_6X”选项。

\Resource\MTD Lib\Machine Lib\Fanuc\AM-120iC

名称	修改日期	类型	大小
Axis1_Black.stl	2018/7/31 17:05	3D 对象	19 KB
Axis1_Red.stl	2018/7/31 17:06	3D 对象	24 KB
Axis1_Yellow.stl	2018/7/31 17:02	3D 对象	127 KB
Axis2.stl	2018/7/31 17:08	3D 对象	51 KB
Axis3_Black.stl	2018/7/31 17:17	3D 对象	13 KB
Axis3_Red.stl	2018/7/31 17:16	3D 对象	12 KB
Axis3_Yellow.stl	2018/7/31 17:14	3D 对象	123 KB
Axis4.stl	2018/7/31 17:18	3D 对象	42 KB
Axis5_Black.stl	2018/7/31 17:22	3D 对象	6 KB
Axis5_Yellow.stl	2018/7/31 17:21	3D 对象	43 KB
Axis6.stp	2018/7/31 17:23	STP 文件	161 KB
Base.stl	2018/7/31 16:56	3D 对象	23 KB

图 3-2　AM-120iC 型号机器人的关节文件夹示意图

表 3-1　Machine 类型具体介绍

名　称	图标	说　明
Robot_6X		六关节串联机构机器人
Robot_4X		四关节码垛机器人
Robot_4L		四关节串联机器人
Robot_Scara		Scara 机器人
Robot_Delta		Delta 机器人
CNC_3AXES		三轴机床
Tool		工具（不含有运动学计算），特征是可以添加 TCP 坐标的 Machine
Normal		一般运动机构（不含有运动学计算）
Fixture		特殊夹紧机构

（续）

名　称	图标	说　明
Customer1 ~ Customer10		10 种用户自定义的运动机构，支持用户自己定义运动学算法

在“运动机构”中选择建立 Machine 的相应类型，输入所设定的机器人型号（如“AM-120iC”），单击“新 Machine”。在 Machine List（机器清单）下面增加一个节点，该节点表示机器人定义成功。

3. 增加机器人的自由度活动关节

用鼠标左键单击树形控件中的“AM-120iC”，在左侧 4 个设置页（分别为“资源”设置页、“属性”设置页、“关节”设置页和“移动操作”设置页）（见图 3-3）中选择“关节”设置页。

图 3-3　设置页选择示意图

在设置页设置活动关节的属性，如类型（包含 simple_lined（简单线性类型）、simple_fixed（简单固定类型）、simple_rotay（简单旋转类型））、Axis Vector（轴移动方向）、移动下限和上限、速度、加速度、加加速度与模型等参数，设置完成后，单击“新关节”选项，模型的关节即出现在场景区中。

1）“下限”“上限”“速度”“加速度”“加加速度”可根据需要配置 Machine 的实际情况填写。需要进行移动操作的零件选择“simple_lined”，需要进行旋转操作的零件选择“simple_rotary”，不进行移动操作的固定零件选择“simple_fixed”。通过选择“Axis Vector”中的轴可使移动的零件按相对应的轴进行移动或旋转，“Axis Vector”为轴旋转的方向，应按实际旋转方向选择合适的轴。当运动体运动的方向不是沿着 X、Y、Z 轴时，可在“vx”“vy”“vz”“va”中设置旋转的角度，“vx”“vy”“vz”的默认值为 0 或 1，当为 1 时，即表明偏移该轴“va”个角度。

2）在装配 Machine 时，若需要调整 Machine 的位置，可在三维环境中使用辅助坐标“Compass”来进行移动，移动的必须是模型自身，即参考坐标系必须是其模型自身，否则将不起作用。

3）当导入的模型为 stp 格式，或轻量化之后无法捕捉面、边信息，即无法使用 Compass 坐标时，可用鼠标左键单击模型自身，切换到自身坐标系下，再单击鼠标右键，移动“移动操作坐标系”。移动“移动操作坐标系”时，需要注意“移动操作坐标系”出现的位置。第一个添加的活动关节为机器人底座，将底座借助辅助坐标移动到三维空间的原点处。这样做的好处在于方便之后其余活动关节的设定。增加的下一个活动关节需要依次添加在上一个活动关节的尾部，使得所有的活动关节可以组建成一个完整的、可移动的机械臂。

4. 保存 MTD 文件

在“资源”设置页中，选中“资源树”中的“AM-120iC 机器人”，单击鼠标右键，在弹出的菜单中选择“Export dmt File”（导出 dmt 文件），打开“Mtd File Save”（MTD 文件保存）”对话框，在“Brand”（铭牌）下拉菜单中选择“Motion”（运动型），单击“OK”按钮，完成模型的搭建。保存 MTD 文件示意图如图 3-4 所示，示意图左侧为模型属性设置，右侧为模型示意。

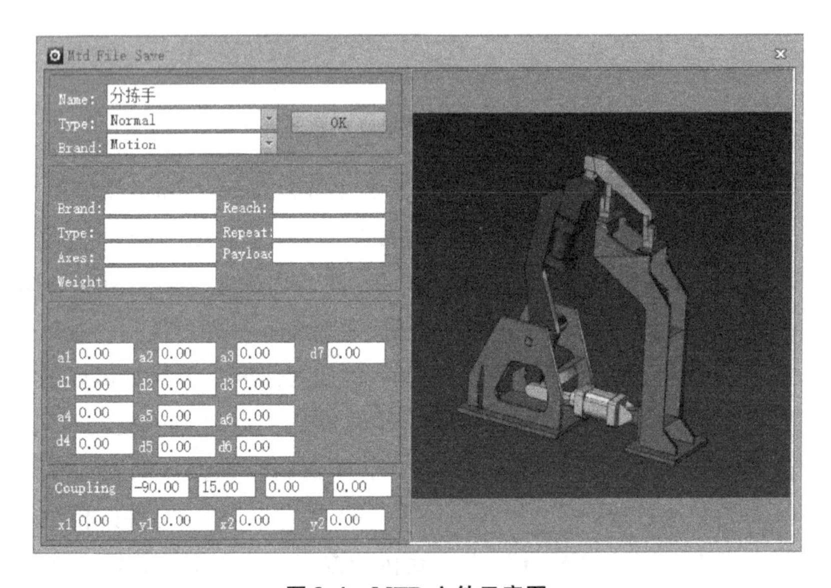

图 3-4　MTD 文件示意图

3.1　立体仓库模型的搭建

立体仓库模型由底座、货架、堆垛机和两块堆垛机板构成。其中底座与货架为固定关节，无法移动；堆垛机和两块堆垛机板为线性移动关节，堆垛机沿着 Y 轴方向移动，一块堆垛机板（本书称之为“堆垛机板 1”）沿着 Z 轴移动，另一块堆垛机板（本书称之为“堆垛机板 2”）沿着 Y 轴移动。图 3-5 所示为立体仓库示意图。

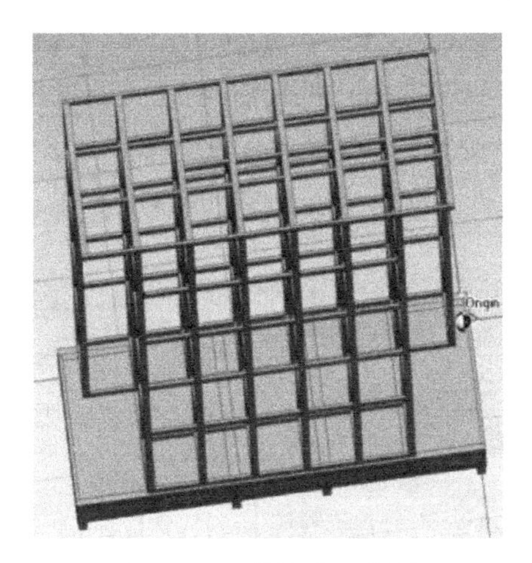

图 3-5　立体仓库示意图

1. 新 Machine

“资源”设置页示意图如图 3-6 所示，在功能区中选择“运动机构”，在位置 1 处，选择“Normal”（普通型）机型；在位置 2 处，输入机器人名称“立体仓库”；在位置 3 处单击“新 Machine”选项；资源树中“Machine List”（机器清单）下面会增加一个叫作“立体仓库”的节点。

图 3-6　“资源”设置页示意图

2. 装配立体仓库底座与货架

用鼠标左键单击树形控件“立体仓库”，设置页切换至“关节”设置页，如图 3-7 所示，其中位置 1 处的父关节为“立体仓库-Machine List—World”，说明当前父节点已经选中为机器人“立体仓库”。在位置 2 处“关节名”输入“Base”（基座）；在位置 3 处，选择“simple_fixed”，指定此关节为固定关节。当选择为固定关节时，Axis Vector 中其他信息不用再次输入；在位置 4 处，添加模型，单击“+…”按钮，添加仓库底座的模型，添加成功后，会在位置 5 处出现仓库底座模型文件，该模型示意图如图 3-8 所示。

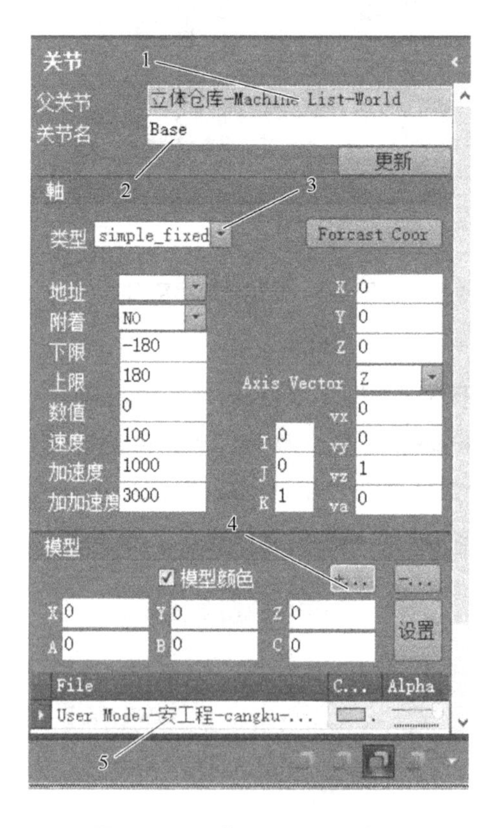

图 3-7 “关节”设置页示意图

3. 添加指南针

添加指南针设置如图 3-9 所示，在场景区的 3D 区域中，首先单击图中位置 1 的“平面选点”操作符，然后单击底座上某一点（如位置 2），再单击鼠标右键，选择位置 3 处的“指南针”选项中的“Show/Hide”（显示/隐藏）。

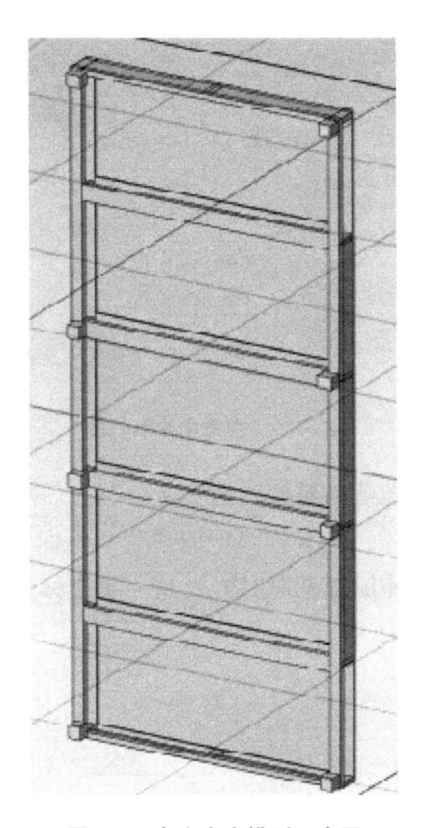

图 3-8　仓库底座模型示意图

重新单击操作符栏中所选中的操作符（这一步是关闭“平面选点”功能），在位置 2 处会出现坐标示意线。立体坐标（法兰坐标）示意图如图 3-10 所示。

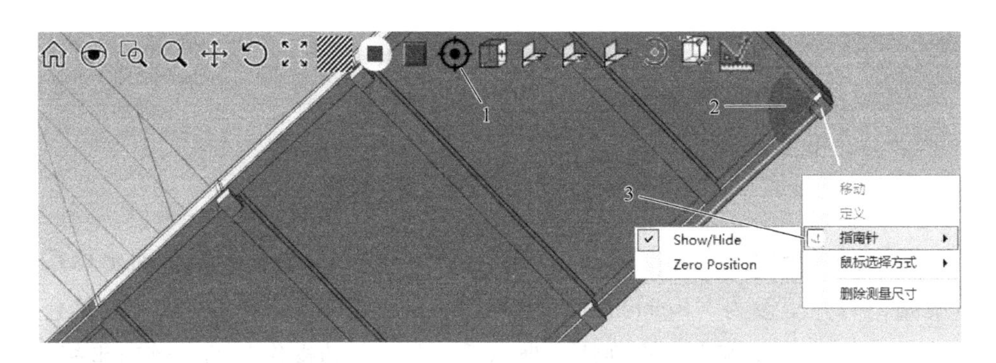

图 3-9　添加指南针设置

单击鼠标右键，出现法兰坐标轴。将朝向底座腿部的 Z 坐标轴翻转 180°

图 3-10 立体坐标示意图

使之与底座的腿部粗略地背向对齐（这一步被称为“粗调”）。当无法精确地对齐时，需要在“移动操作”设置页中的“绝对坐标”选项中修改准确的角度值使得此坐标轴与底座腿部背向对齐（这一步被称为“细调”）。翻转后的法兰坐标示意图如图 3-11 所示。

图 3-11 翻转后的法兰坐标示意图

用鼠标左键连续单击“仓库底座”可以更改桌面坐标。当桌面坐标系（见图 3-12）更改为“Referencing：Base”（参考系：基础）时，选中立体仓库的底座，单击鼠标右键出现法兰坐标系。在“移动操作”的“绝对坐标”中选中“归零”，选中“设置”按钮，则仓库底座会移动到法兰坐标的原点处。

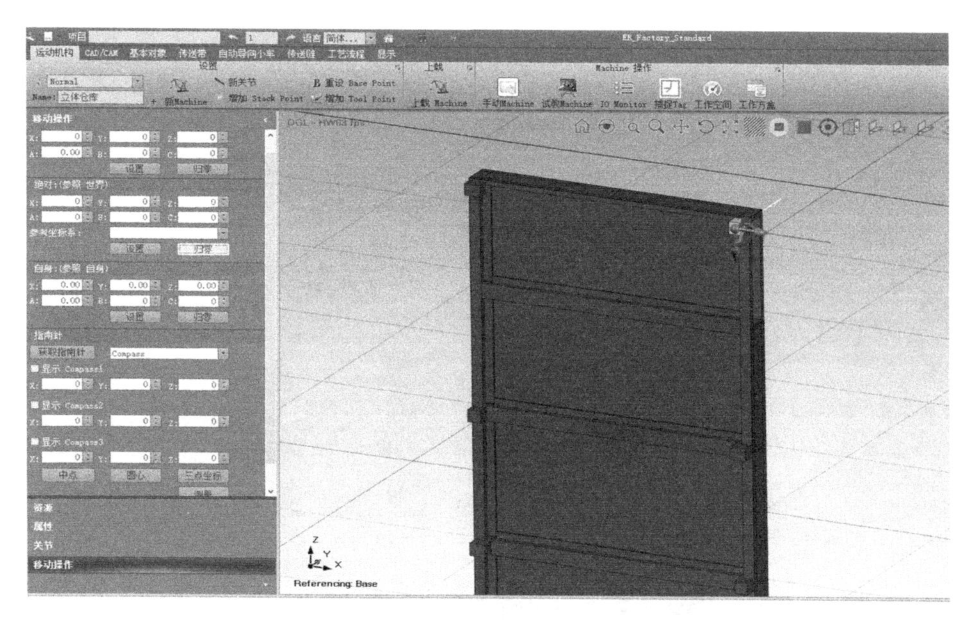

图 3-12　仓库底座定位示意图

4. 添加货架

在“关节”设置页“模型”区域单击位置 1（见图 3-13）处的“+...”按钮，在弹出的文件对话框中找到“货架.step”文件，模型选择完后单击位置 2 处的“更新”按钮，则货架出现在场景区中，单独选中货架进行三维空间坐标变化，将货架移动到底座上。操作步骤示意图如图 3-13 所示，添加货架效果图如图 3-14 所示。

5. 增加 X 轴、Y 轴、Z 轴

为清楚了解立体仓库模型运动模块的组成，将立体仓库的运动模型进行拆分，规定堆垛机为 Y 轴，其余两块堆垛机板分别为 Z 轴和 X 轴。运动部件拆分示意图如图 3-15 所示。

增加 Y 轴：选择“关节”设置页中位置 1（见图 3-16）父关节的内容后，切换至“资源”设置页，并选中资源树“Base”分支。这时，返回到“关节”设置页会发现父关节名称已经更换，变为“Base-立体仓库-Machine List—World”，在图 3-16 中的位置 2 处更改关节名为“Y 轴”；将位置 3 处的类型选择成“simple-lined”；在位置 4 处设置下限和上限，其值分别为 0 和 2800；在位置 5 处将 Axis Vector 设置为“Y”；在位置 6 处单击“+…”按钮，增加模型，模型名为“堆垛机.step”，单击“新关节”选项，则场景区会出现堆垛机的模型。

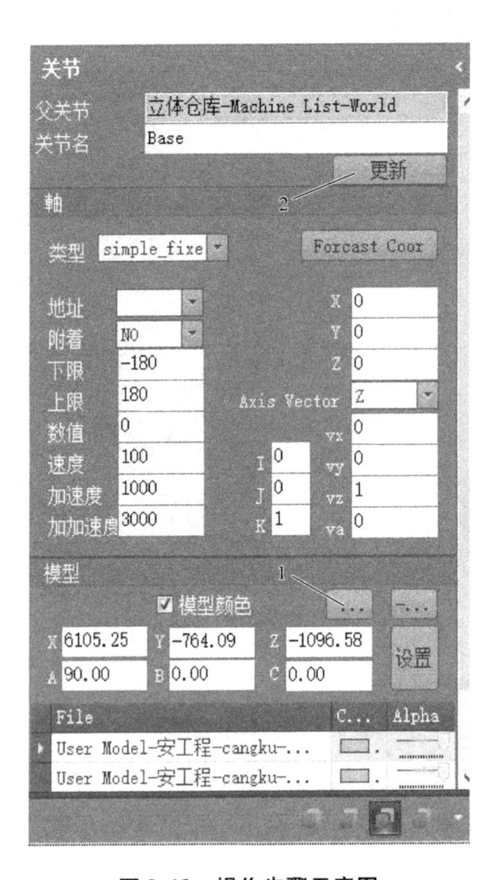

图 3-13　操作步骤示意图

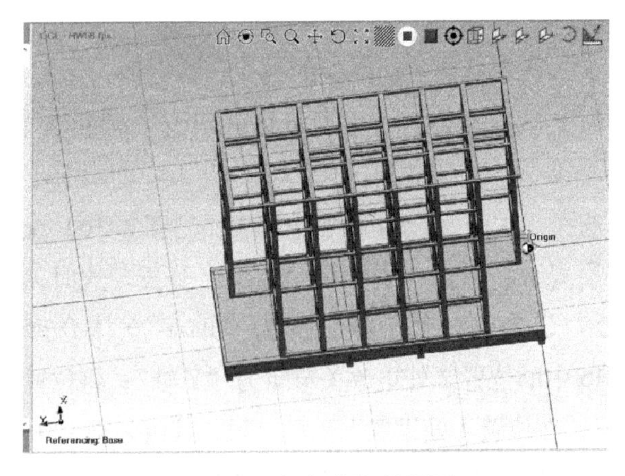

图 3-14　添加货架效果图

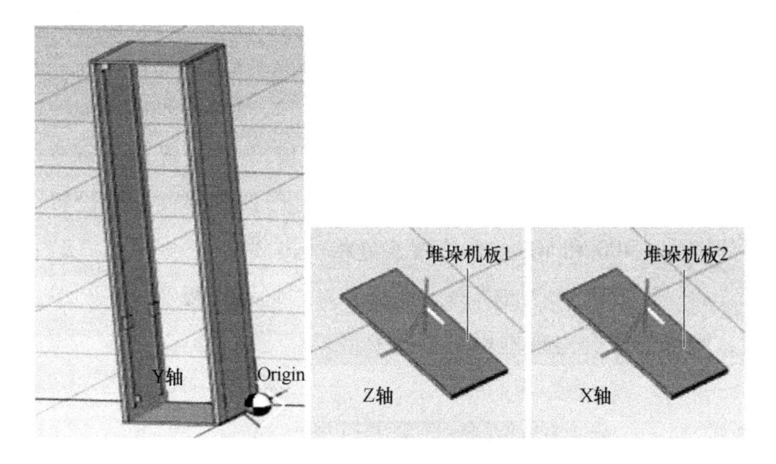

图 3-15　运动部件拆分示意图

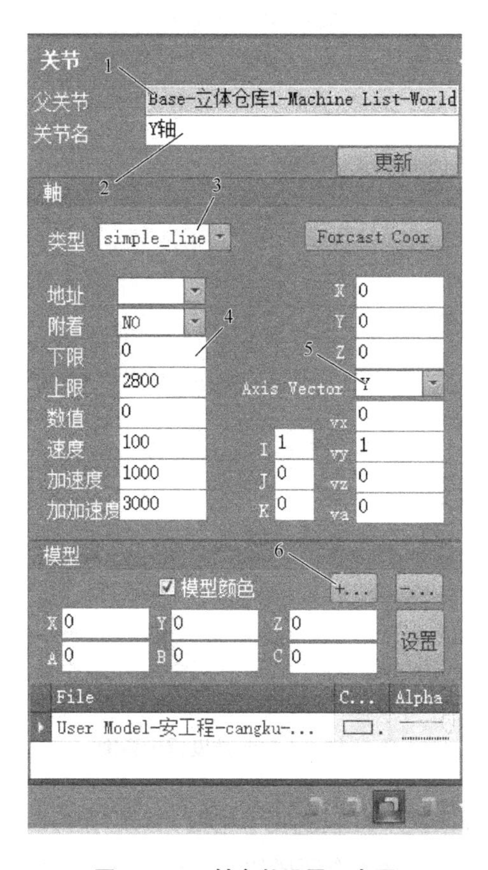

图 3-16　Y 轴参数设置示意图

增加 Z 轴：选择“关节”设置页中“父关节”（图 3-17 中位置 1），切换至“资源”设置页，选中资源树的“Y 轴”分支。这时，返回到“关节”设置页中，会发现父关节名称已经更换，变为“X 轴—Y 轴—Base—分拣手—Machine List—World”，即可设置 Z 轴。在图 3-17 中的位置 2 处更改关节名为“Z 轴”；将位置 3 处的类型选择成“simple-lined”；在位置 4 处设置下限和上限，其值分别为 -400 和 400；在位置 5 处将 Axis Vector 设置为“Z”；在位置 6 处单击“+…”按钮，增加模型，模型名为“堆垛机板 . step”。单击“新关节”选项，则场景区会出现堆垛机板的模型。

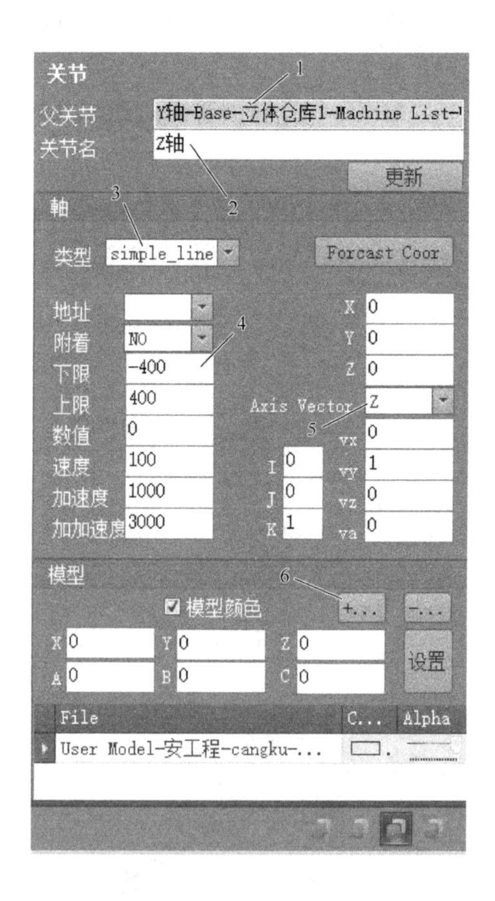

图 3-17　Z 轴参数设置示意图

增加 X 轴：选择“关节”设置页中位置 1（见图 3-18）父关节的内容后，切换至“资源”设置页，选中资源树的“Z 轴”分支。这时，返回到“关节”

设置页会发现父关节名称已经更换，变为“Z 轴—Y 轴—Base—分拣手—Machine List—World”，即可设置 X 轴。在图 3-18 中的位置 2 处更改关节名为“X 轴”；将位置 3 处的类型选择成“simple-lined”；在位置 4 处设置下限和上限，其值分别为 -500 和 500；在位置 5 处将 Axis Vector 设置为“X 轴”。在位置 6 处单击“+…”按钮，增加模型，模型名为“堆垛机板 step”。单击“新关节”选项，则场景区会出现堆垛机板的模型。

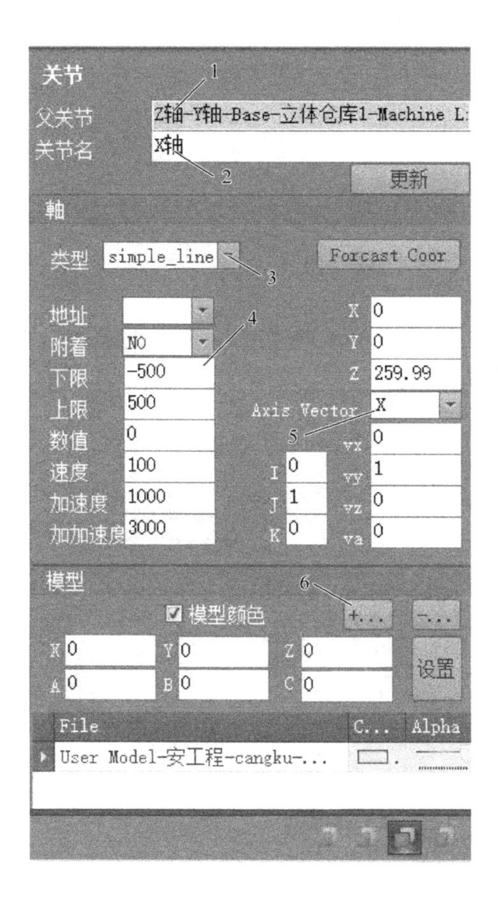

图 3-18　X 轴参数设置示意图

6. 手动检测模型

回到“资源”设置页，并检查资源树是否按照图 3-19 所示进行设置。如果确认无误，单击图中“手动 Machine”功能选项并进行调试（见图 3-20）。能够实现货架运作即为搭建模型成功。

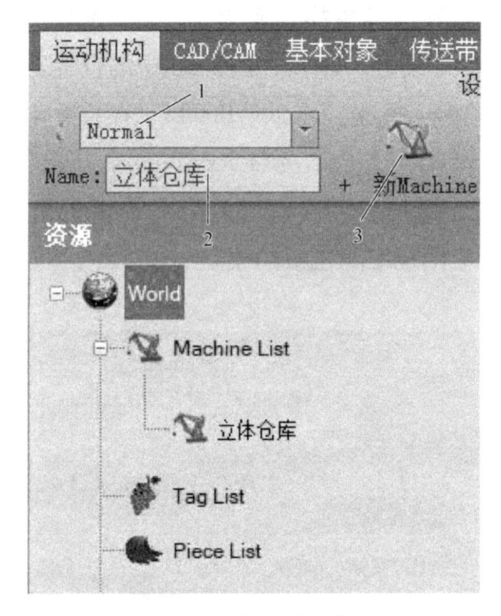

图 3-19　资源树示意图

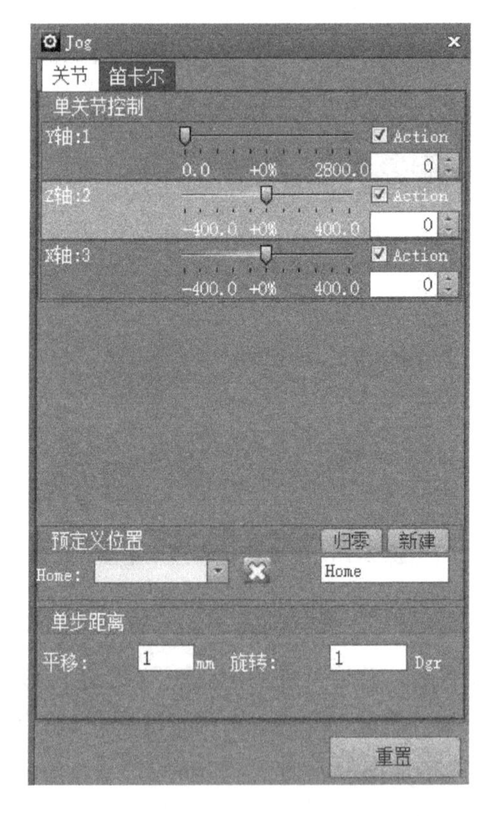

图 3-20　“手动 Machine”设置页示意图

7. 保存 MTD 文件

选择资源树中的立体仓库，单击鼠标右键，选择第一个选项“保存 MTD 文件”。在出现的页面（见图 3-21）中将“Brand”（铭牌）设置为“Motion”（运动型），单击“OK”按钮，立体仓库模型搭建完成。

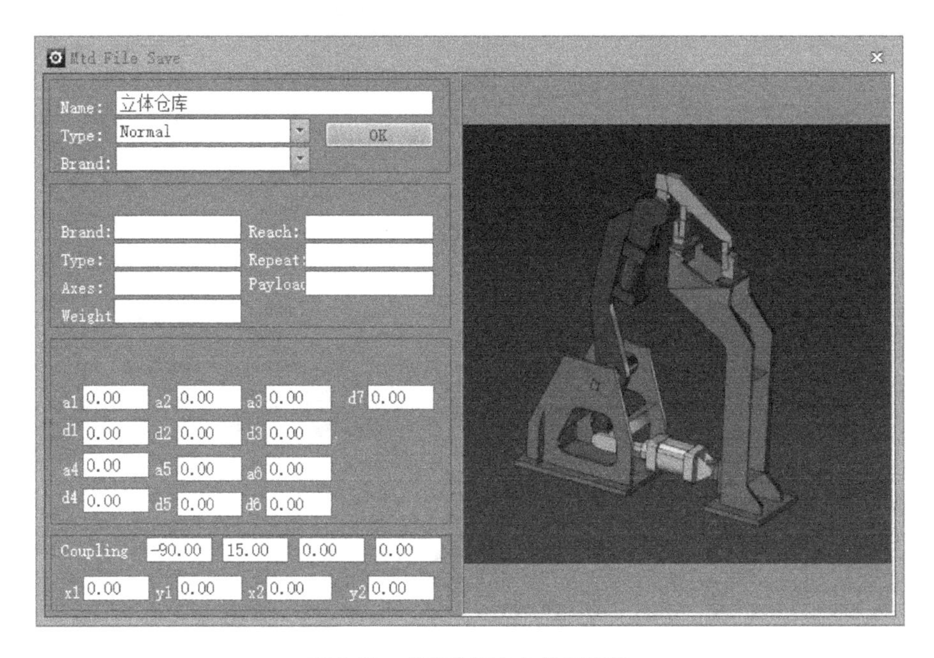

图 3-21　保存 MTD 文件示意图

3.2　分拣手模型的搭建

分拣手由分拣手主体、前向移动轴、纵向移动轴、上下伸缩轴以及夹爪 4 个部分组成。分拣手的主要功能是夹取出库的货物，并将其放置于 AGV 小车上。其工作原理是移动夹爪通过沿 X 轴和 Y 轴的移动到达物品的上方，再沿 Z 轴向下移动到物品处，夹住物品，并将其移动到 AGV 小车上方后，放下物品。

1. 新 Machine

在图 3-22 所示的在功能区中选择“运动机构”，在位置 1 处，选择“Normal”（普通型）机型；在位置 2 处，输入机器人姓名“分拣手”；在位置 3 处单击“新 Machine”，于是资源树中“Machine List”下会增加一个叫作“分拣手”的节点。

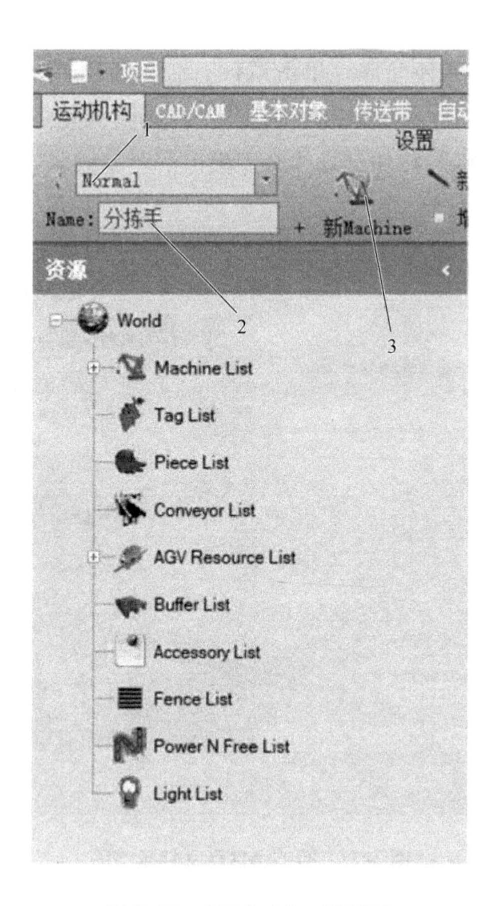

图 3-22　新 Machine 示意图

2. 装配分拣手底座

用鼠标左键单击“Machine List”中“分拣手”节点，在出现的 4 个设置页中选择“关节”设置页，在位置 1（见图 3-23）处父关节为“分拣手—Machine List—World”，说明当前父节点已经选中为机器人“分拣手”；在位置 2“关节名”中输入“Base”；在位置 3 处，选择“simple_fixed”，指定此关节为固定关节（当选择为固定关节时，Axis VECTOR 中其余信息无须设置）；在位置 4 处，单击“+…”按钮，增加模型，在弹出的文件对话框中，找到模型保存位置目录为“ER—Factory—Standard > Resource > MTD Lib > User Model > cangku”下的“分拣手主体 . step”文件，打开文件，单击“新关节”选项，则场景区会出现添加的底座模型。

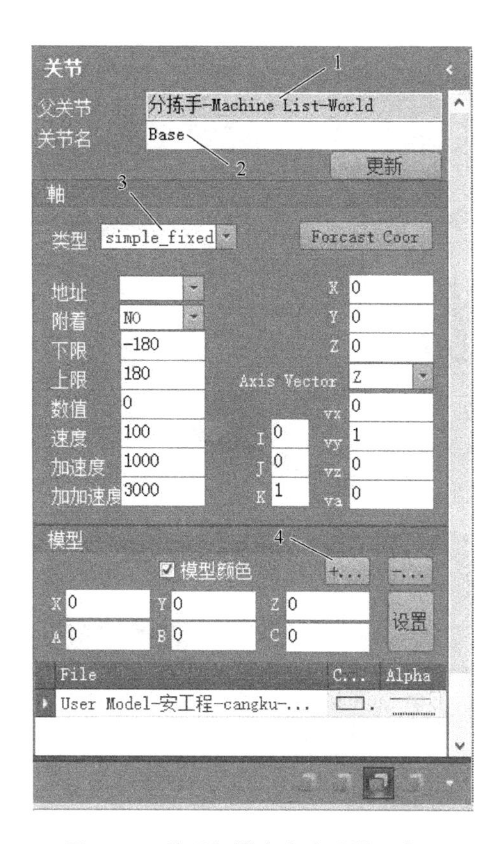

图 3-23　装配机器人底座设置示意图

3. 模型定位

添加指南针设置如图 3-24 所示，单击操作行中位置 1 的“平面选点”操作符后，单击模型腿部底端某一点（如位置 2），再单击鼠标右键，选择“指南针”中的“Show/Hide”。重新单击所选中的操作符（这一步是关闭“平面选点”功能）。

单击鼠标右键，出现法兰坐标系，将其 Z 轴旋转 180°使之与底座的腿部粗略对齐（粗调）。如果无法准确旋转 180°，可以在“移动操作”设置页中“绝对：(参照　世界)”下修改角度，使得 Z 轴更加细致地对齐（细调）。移动操作页面示意图如图 3-25 所示。

单击分拣手主体可以更改桌面坐标。当桌面坐标系（见图 3-26）更改为“Referencing：Base”时，选中分拣手的主体，单击鼠标右键后则出现法兰坐标系。在“移动操作”设置页中的“绝对：（参照　世界)”一栏选择“归

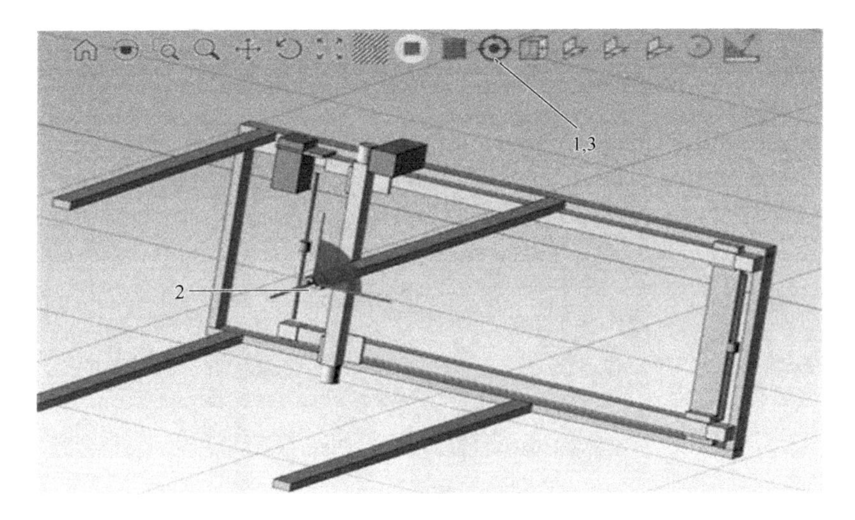

图 3-24　添加指南针示意图

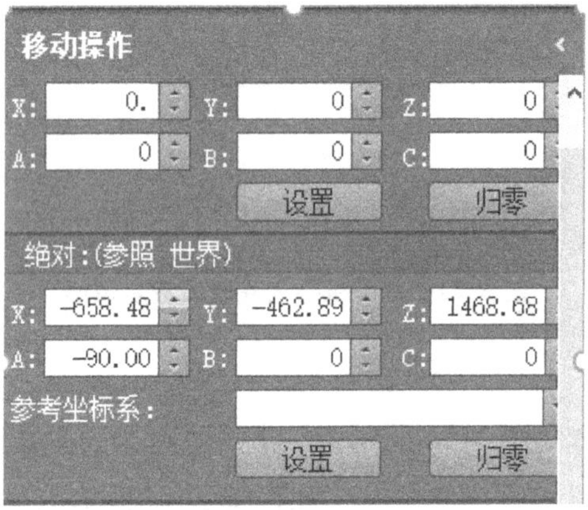

移动操作
X: 0.　Y: 0　Z: 0
A: 0　B: 0　C: 0
设置　归零
绝对:(参照 世界)
X: -658.48　Y: -462.89　Z: 1468.68
A: -90.00　B: 0　C: 0
参考坐标系:
设置　归零

图 3-25　移动操作页面示意图

零”按钮，使得绝对坐标为原点后，选中“设置”按钮，分拣手主体会移动到场景区法兰坐标系的原点处。

在“关节”设置页“模型”区域的位置 1（见图 3-27）处，可以将模型在坐标系中的实际坐标显示出来，方便后期增加 X 轴关节、Y 轴关节、Z 轴关节和旋转轴关节。

4. 增加 X 轴、Y 轴、Z 轴、旋转轴

为清楚了解分拣手模型运动模块的组成，拆分了分拣手的运动模块，拆分图如图 3-28 所示。

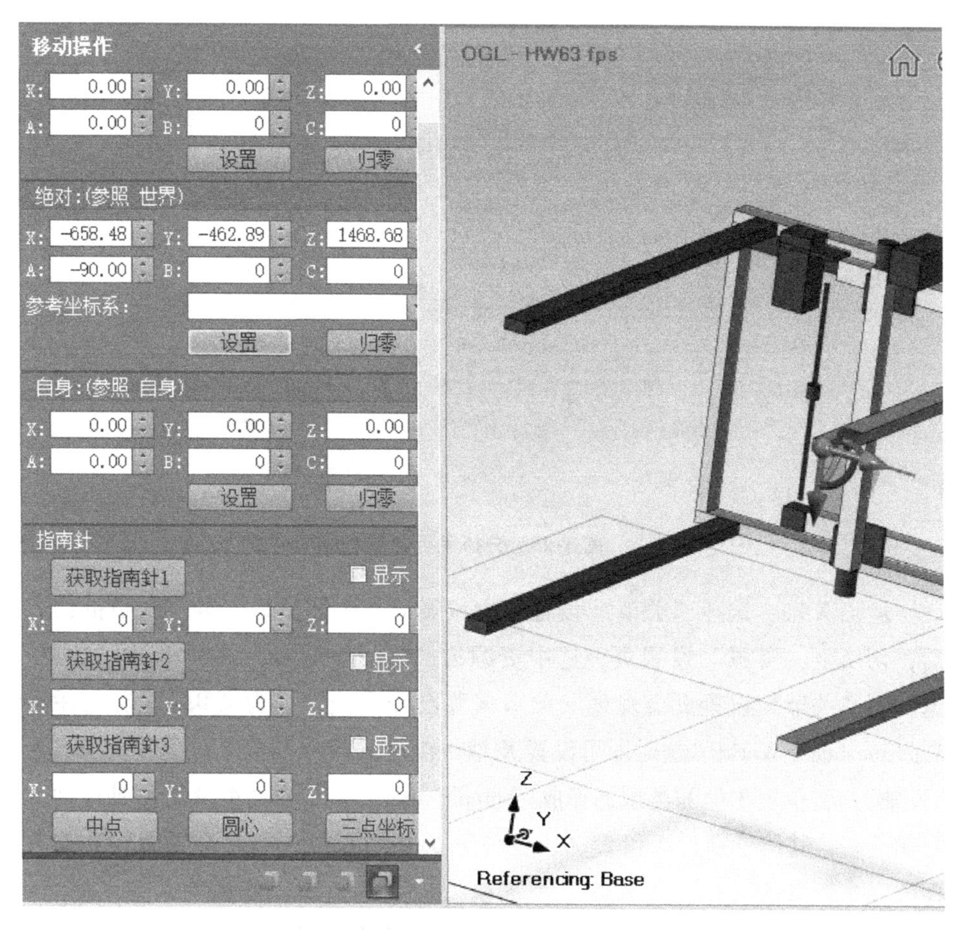

图 3-26　桌面坐标系示意图

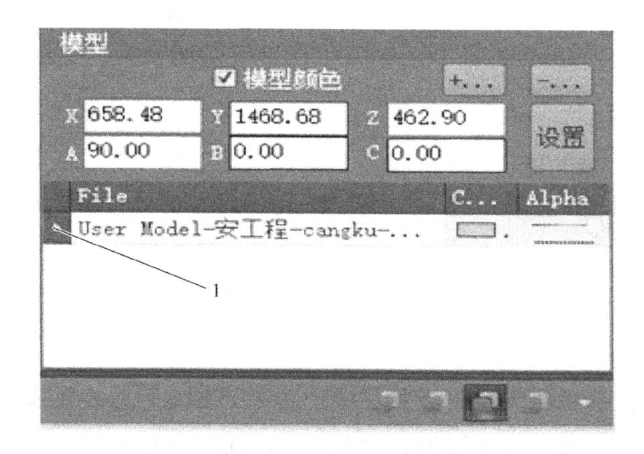

图 3-27　模型区域示意图

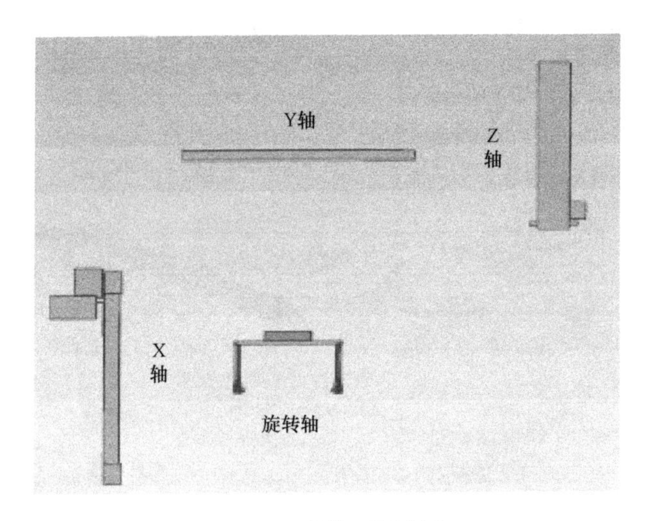

图 3-28　分拣手拆分图

增加 X 轴：选择“关节”设置页中位置 1（见图 3-29）处父关节的内容后，切换至“资源”设置页，选中资源树“Machine List”的“Base”分支。返回到“关节”设置页会发现父关节名称已经更换，变为“Base—分拣手—Machine List—World”这时即可设置 X 轴。在图 3-29 中位置 2 处更改关节名为“X 轴”；将位置 3 处的类型选择成“simple-lined”；在位置 4 设置 X 轴移动下限和上限，其值分别为 0 和 2500；在位置 5 处将 Axis Vector 设置为“X 轴”；在位置 6 处单击“+…”按钮，增加模型，模型名为“分拣手 X 轴 . step”。单击功能区“新关节”选项，则场景区会出现 X 轴的模型。

增加 Y 轴：选择“关节”设置页中位置 1（见图 3-30）处父关节的内容，看到变蓝之后切换至“资源”设置页，选中资源树“Machine List”中的“X 轴”。这时，返回到“关节”设置页会发现父关节名称已更换，变为“X 轴—Base—分拣手—Machine List—World”，这时即可设置 Y 轴。在位置 2 处更改关节名为“Y 轴”；将位置 3 处的类型选择成“simple-lined”，在位置 4 设置 Y 轴移动下限和上限，其值分别为 -200 和 200；在位置 5 处将 Axis Vector 设置为“Y 轴”；在位置 6 处单击“+…”按钮，增加模型，模型名为“分拣手 Y 轴 . step”。单击功能区“新关节”选项，则场景区会出现 Y 轴的模型。

增加 Z 轴：选择“关节”设置页中位置 1（见图 3-31）父关节的内容，切换至“资源”设置页，选中资源树“Machine List”中的“Y 轴”分支。这时，返回到“关节”设置页会发现父关节名称已经更换，变为“Y 轴—X 轴—

Base—分拣手—Machine List—World”，这时即可设置Z轴。在图3-31中位置2处更改关节名为“Z轴”；将位置3处的类型选择成“simple-lined”；在位置4设置下限和上限，其值分别为-500和1000；在位置5处将Axis Vector设置为“Z轴”；在位置6处单击“+.....”按钮，增加模型，模型名为“分拣手Z轴.step”。单击“新关节”选项，则场景区会出现Z轴的模型。

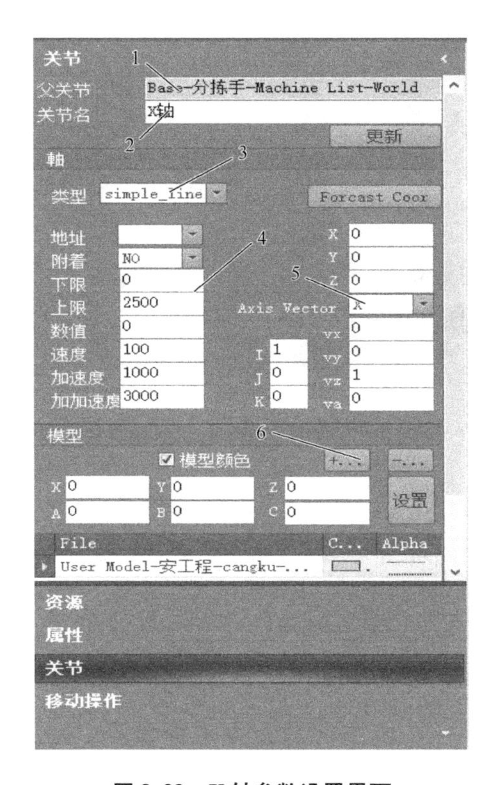

图3-29　X轴参数设置界面

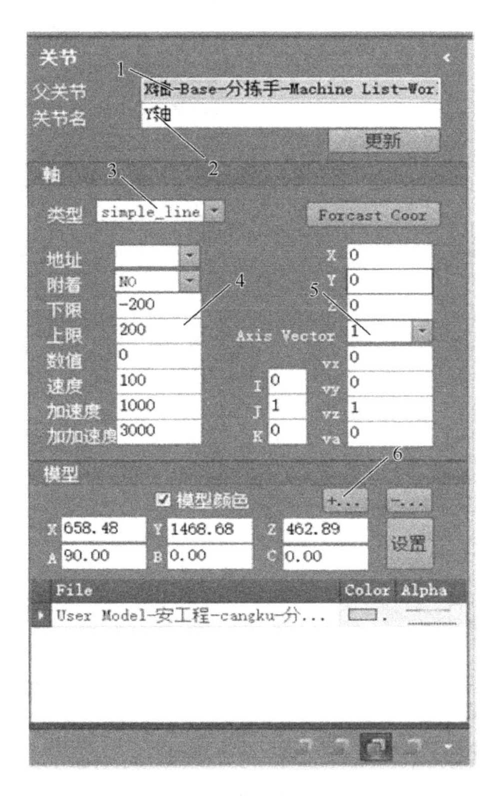

图3-30　Y轴参数设置界面示意图

增加旋转轴：选择“关节”设置页位置1（见图3-32）父关节的内容，切换至“资源”设置页，选中资源树中“Z轴”分支。返回到“关节”设置页会发现父关节名称已经更换，变为“Z轴—Y轴—X轴—Base—分拣手—Machine List—World”。在图3-32中位置2处更改关节名为“旋转轴”；将位置3处的类型选择成“simple-rotay”；在位置4设置旋转轴旋转点坐标参数，X为-428.23，Y为399.15，Z为1010.25（位置4参数的设定需要结合实际情况考虑，本书所设参数为经验值）；在位置5处将Axis Vector设置为“Z”（这个步骤意义是设定旋转轴绕Z轴旋转）；在位置6处单击“+…”按钮，增加

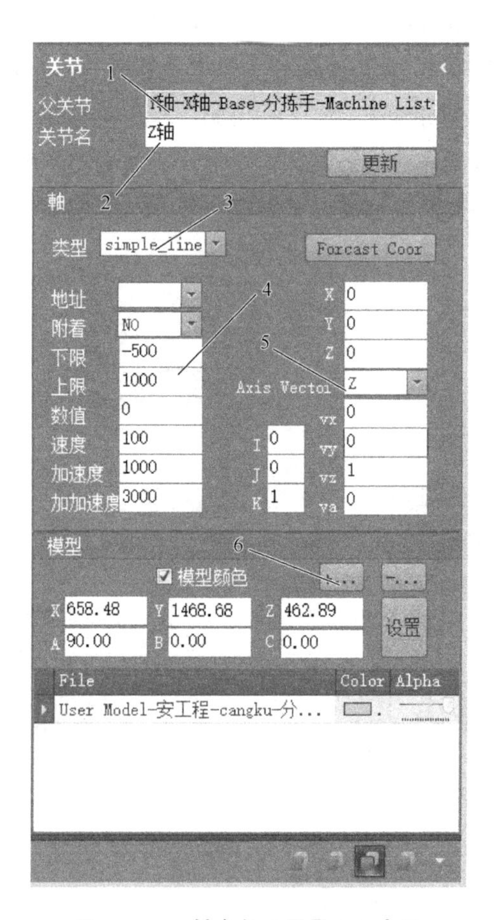

图 3-31　Z 轴参数设置界面示意图

模型，模型名为“分拣手旋转轴”；在位置 7 模型区域设置坐标值：X 为 1086.71，Y 为 1069.53，Z 为 -547.36。单击“新关节”选项，则场景区会出现旋转轴的模型。

5. 手动检测模型

在“资源”设置页检查资源树“Machine List”是否搭建完成，资源树样式如图 3-33 所示。如果有错误，请检测错误原因，并删除资源树的分支重新建模。

若资源树建立正确，需要检验分拣手的运行是否符合常理。单击功能区“手动 Machine”图标，出现图 3-34 所示的关节操作页面。调节每个关节的参数，观察场景区的关节模型是否能够运行。若能运行，则模型搭建成功。

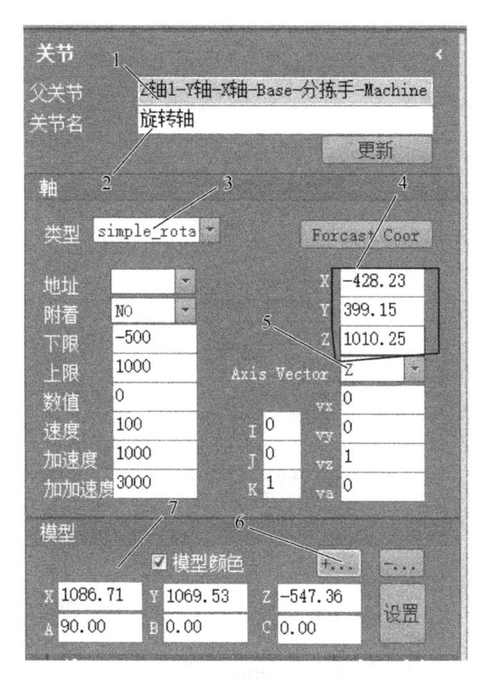

图 3-32　旋转轴参数设置界面示意图

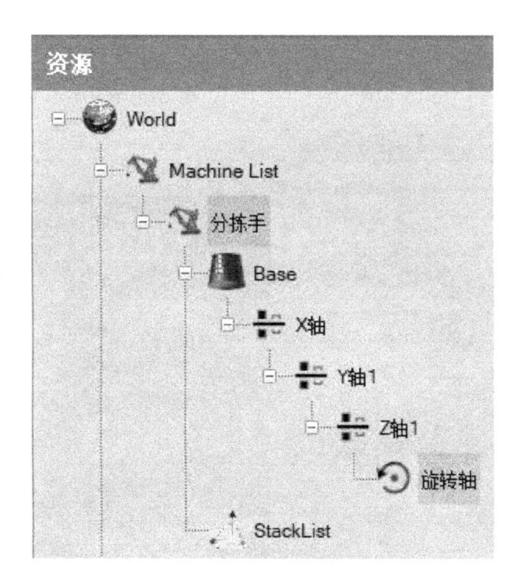

图 3-33　资源树样式图

6. 保存 MTD 文件

在“资源”设置页中的资源树“Machine List”里选中“分拣手”分支，单

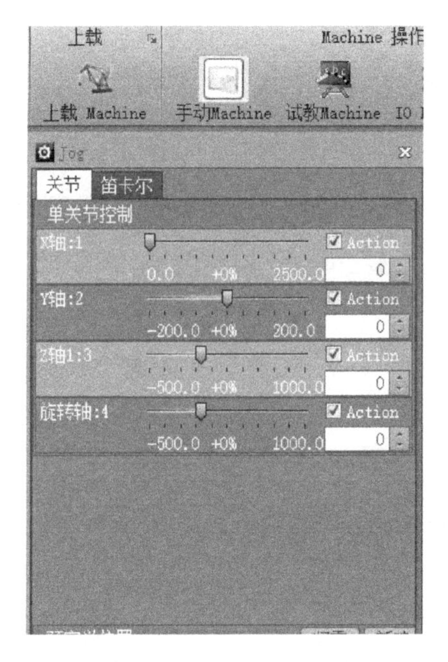

图3-34 “手动 Machine”下的关节操作页面

击鼠标右键，选择“保存 MTD 文件”选项，会出现图 3-35 所示的保存界面，将“Brand”设置为“Motion”，单击“OK”按钮，则 MTD 文件保存完成。

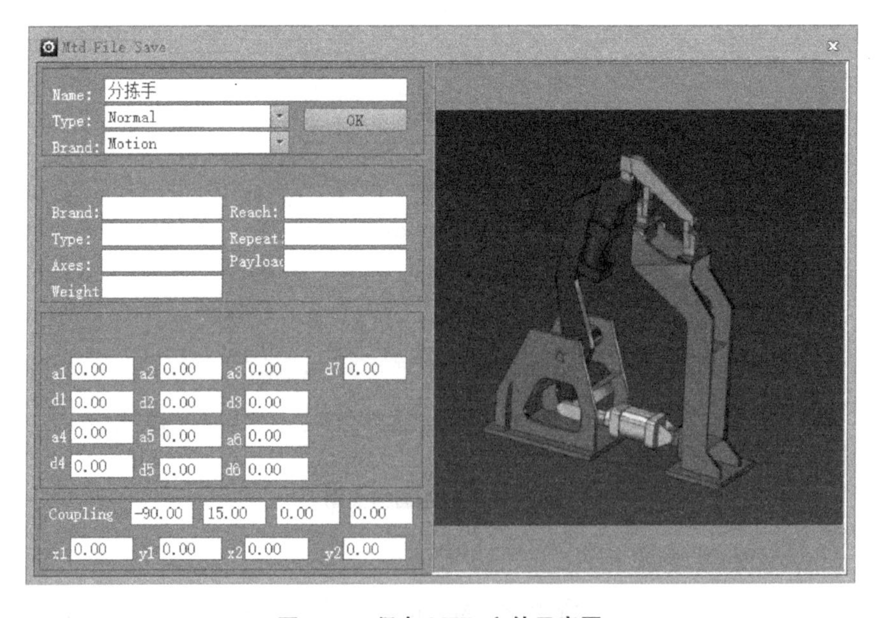

图 3-35 保存 MTD 文件示意图

3.3　内雕机模型的搭建

本次搭建的内雕机模型由内雕机本体和气缸杆所组成。为了完成内雕机模型的搭建，应该清楚内雕机气缸杆的运动机制。内雕机模型搭建的难点和重点在于气缸杆的移动为斜 45°方向的移动，在调整气缸杆运动角度时需要在理解的程度上，进行多次尝试。

1. 新 Machine

新建 Machine 示意图如图 3-36 所示，单击功能区位置 1 处的“运动机构”选项；在位置 2 处，选择下拉菜单中的“Tool（工具）”选项；在位置 3 处，命名为“内雕机”；单击位置 4 处的“新 Machine”选项，完成新建 Machine。

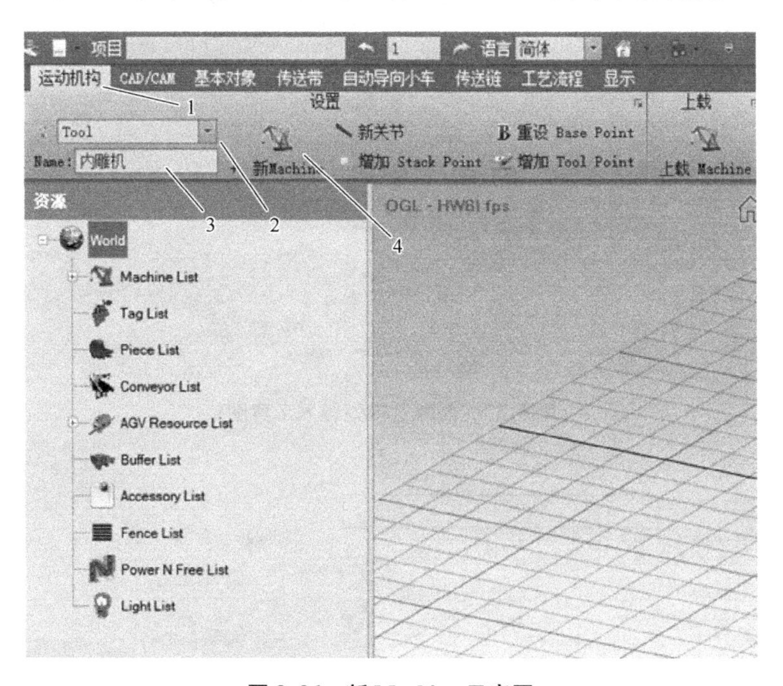

图 3-36　新 Machine 示意图

2. 内雕机模型导入

内雕机模型导入示意图如图 3-37 所示，在位置 1 处，单击“关节”设置页选项；在位置 2 处，确认“父关节”为“New_Machine”（新机器），如果不是，则返回“资源”设置页处单击“New_Machine”选项即可；在位置 3 处，更改添加关节的关节模型；在位置 4 处，单击“+...”按钮，添加关节模型。弹出的文件设置界面如图 3-38 所示，在位置 5 处，打开框内的各文件夹；在位置 6 处的下拉菜单中选择“所有文件”选项；在位置 7 处，单击文件“内雕机本体.step”。

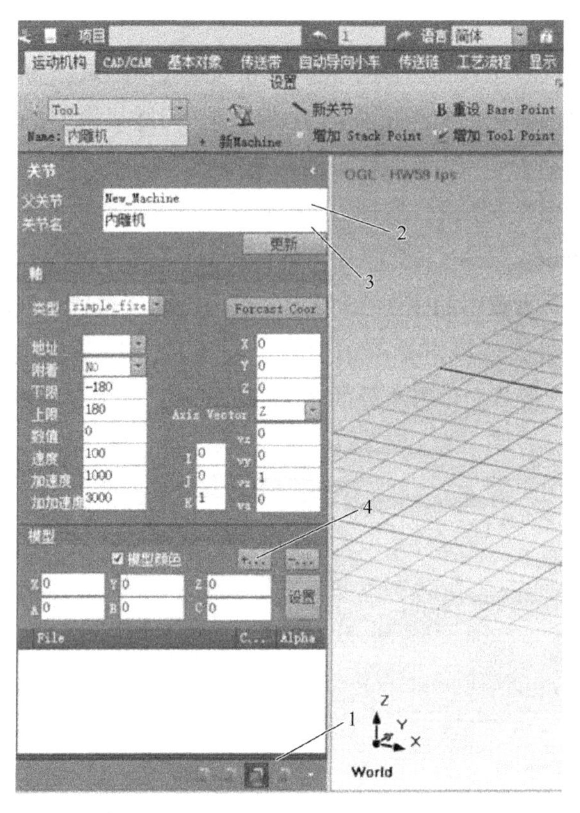

图 3-37　内雕机模型导入示意图

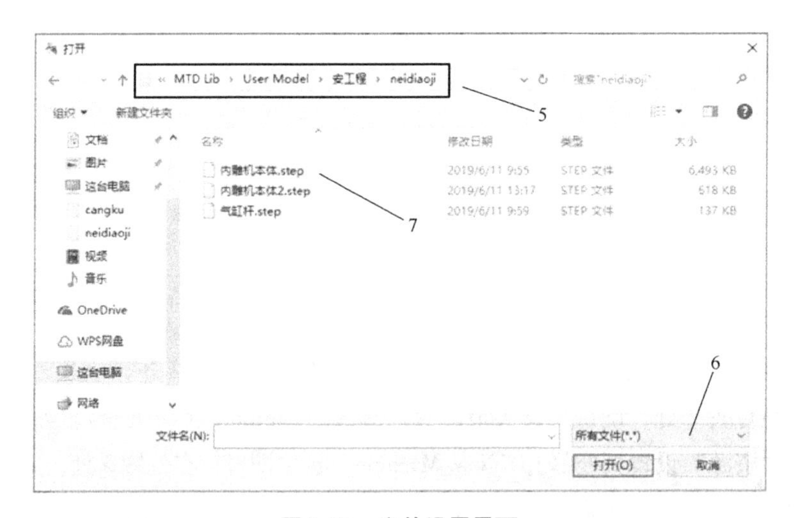

图 3-38　文件设置界面

3. 内雕机模型调整

内雕机模型调整 1 示意图如图 3-39 所示，在图中位置 1 处，单击“新关节”选项，则在场景区出现内雕机模型，这时的模型与场景区的空间坐标轴尚不能对应，需要调节模型的位置。单击鼠标右键，出现图中位置 2 处的选项菜单；在位置 3 处，单击“Show/Hide”，出现辅助坐标系；单击位置 4 处 3D 区域“面中心点”选项，选择内雕机模型的底面，将辅助坐标系附于其上；当出现辅助坐标系后，旋转视角，只单击鼠标右键选中坐标轴，不选中内雕机模型的本体，辅助坐标系则添加完成。

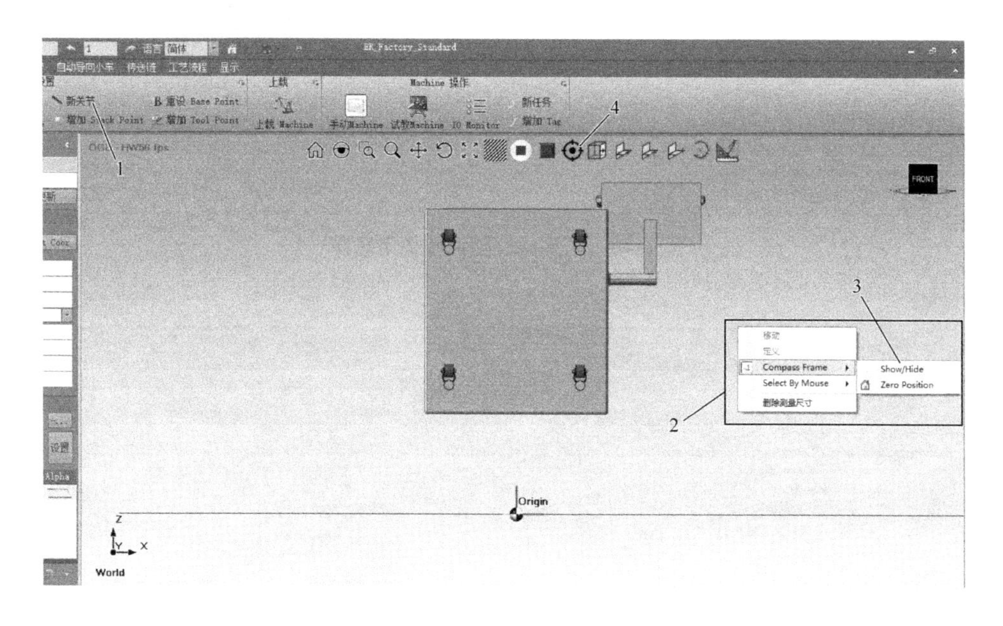

图 3-39　内雕机模型调整 1 示意图

内雕机模型调整 2 示意图如图 3-40 所示，图中位置 5 处的坐标轴为法兰坐标轴，这时的辅助坐标系可以移动和旋转，并且只有辅助坐标系可以移动与旋转；将辅助坐标系的 Z 轴指向内雕机模型的本体。

内雕机模型调整 3 示意图如图 3-41 所示，在图中位置 6 的辅助坐标系，可以更改内雕机的参考坐标系数值，将 Z 轴的数值改为整数值；双击内雕机模型，再单击鼠标右键内雕机模型，这时辅助坐标系就变成了内雕机模型的单独辅助坐标系（见位置 6 处），可以通过移动坐标轴的位置来移动模型的位置。

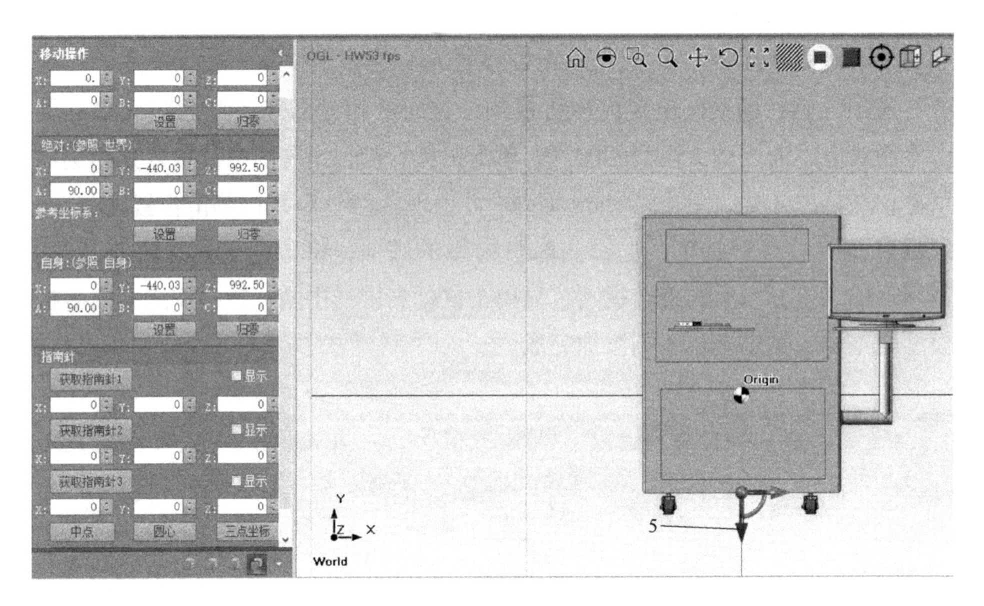

图 3-40　内雕机模型调整 2 示意图

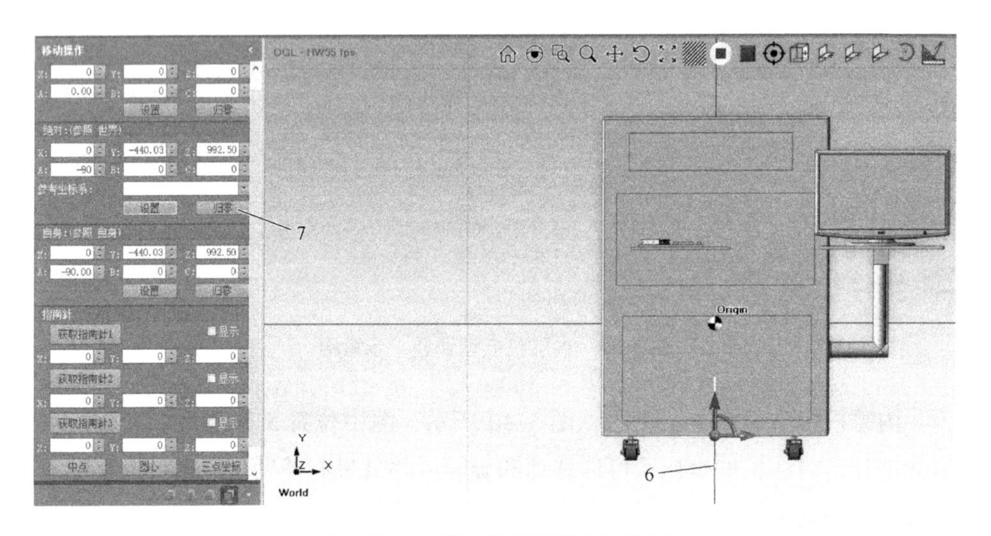

图 3-41　内雕机模型调整 3 示意图

内雕机模型调整 4 示意图如图 3-42 所示，单击图中位置 8 处“归零”按钮，使得内雕机模型底面中心的绝对坐标为原点坐标，单击“设置”按钮，内雕机模型底部就直接平移到世界坐标系坐标原点所在平面。由于内雕机模型底部装有轮子，因此需要将内雕机模型整体沿着 Z 轴向上平移；可在位置 9 处将内雕机模型进行移动，将内雕机的轮子置于 Z 轴的水平面处。内雕机模型调整完毕。

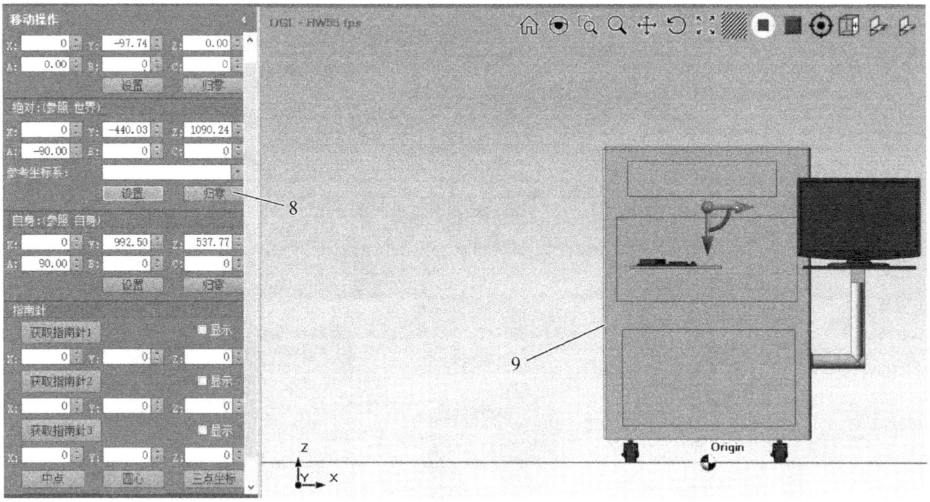

图 3-42　内雕机模型的调整 4 示意图

4. 气缸杆模型导入

气缸杆模型导入示意图如图 3-43 所示，在图中位置 1 处，选择父关节的内容，切换至“资源”设置页，选中刚刚建立的内雕机模型，返回到“关节”设置页，可以看到父关节名称已经更换；在位置 2 处修改关节名为“气缸杆”；在位置 3 处，单击下拉菜单，选择“simple_lined”；在位置 4 处先单击“-…”，将之前的内雕机模型文件删除；在位置 5 处，单击“+…”，在与内雕机模型文件相同的文件夹下，添加气缸杆的模型文件“气缸杆.step”；添加完成后，会在位置 6 处出现气缸杆的模型文件；在位置 7 处，单击“新关节”选项，添加气缸杆的模型。

5. 气缸杆模型调整

气缸杆模型调整 1 示意图如图 3-44 所示，在图中位置 1 处，气缸杆模型放置在托盘上，当单击位置 2 处的“手动 Machine”，调节图 3-45 中“Jog：内雕机”对框中的“单关节控项”滑块，会发现气缸杆的移动方向与预想的不一样，因此需要对气缸杆模型的移动方向进行调整。

气缸杆模型调整 2 示意图如图 3-45 所示，在图中位置 3 所指方框中，修改“Axis Vector”参数为 Z，并令 vx 为 0，vy 为 1，vz 为 0，va 为 45（该步骤是让气缸杆以 Z 轴为轴心，向着 Y 轴旋转 45°）。这里气缸杆的移动角度数据

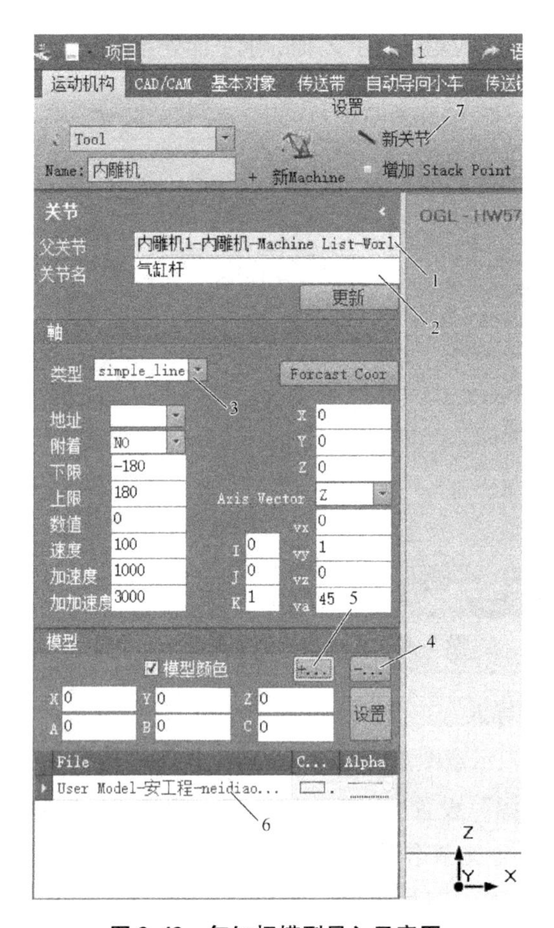

图 3-43　气缸杆模型导入示意图

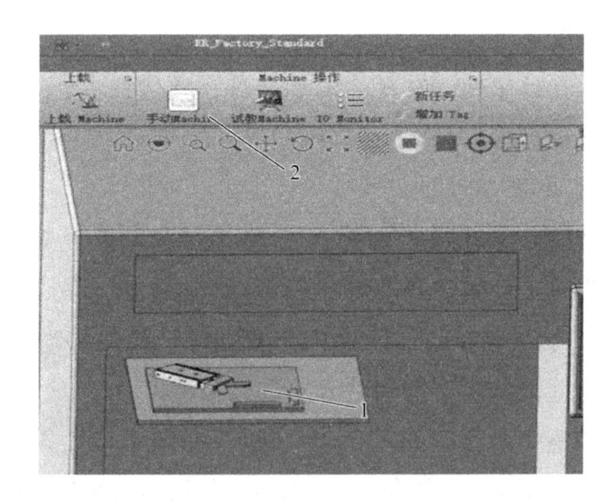

图 3-44　气缸杆模型调整 1 示意图

并非唯一，以其余坐标轴为轴心旋转会有不同的 vx、vy、vz 数值，但调整的角度 va 均为 45°（调整气缸杆的移动角度，会更改气缸杆模型的位置）。选中气缸杆模型，单击鼠标右键，通过坐标轴移动，将气缸杆移回位置 4 所在处；单击位置 5 的“手动 Machine”图标，模型调试界面为位置 6 所指界面，通过移动其中“单关节控制”的滑块，确定气缸杆关节移动的下限和上限；在位置 7“关节”设置页处，设置气缸杆的移动上下限，气缸杆模型调整完成。

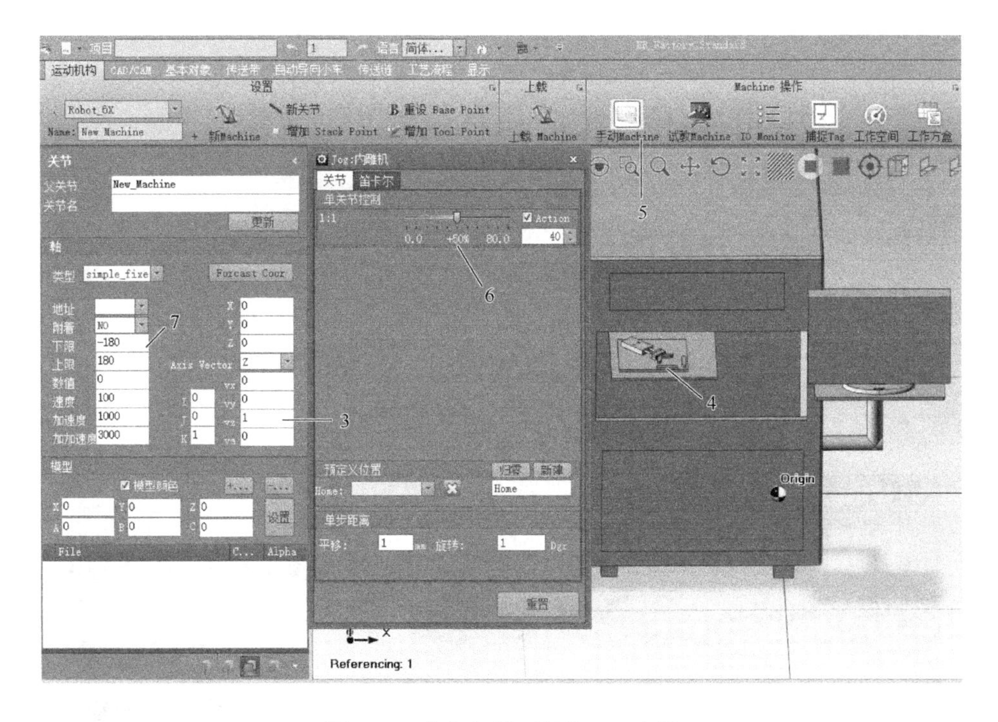

图 3-45　气缸杆模型调整 2 示意图

6. 内雕机模块保存

至此，内雕机整个模块的建立已经完成，在“资源”设置页（见图 3-46）中对内雕机模块进行保存，在图中位置 1 处选中“内雕机”并单击鼠标右键；在下拉菜单位置 2 处选择第一个选项“Export dmt File”，打开 dmt 文件列表。

保存 Motion 文件设置页如图 3-47 所示，在图中位置 3 处更改保存文件名称；在位置 4 处将“Brand”更改为“Motion”类型，单击“OK”按钮，内雕机模型保存完毕。

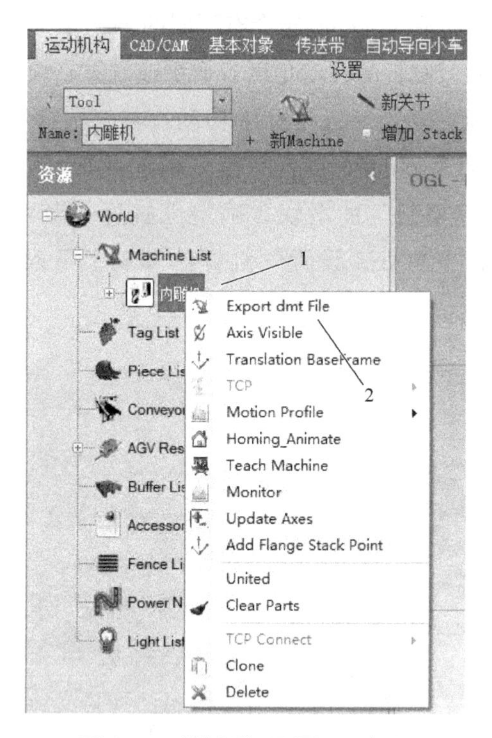

图 3-46 “资源”设置页示意图

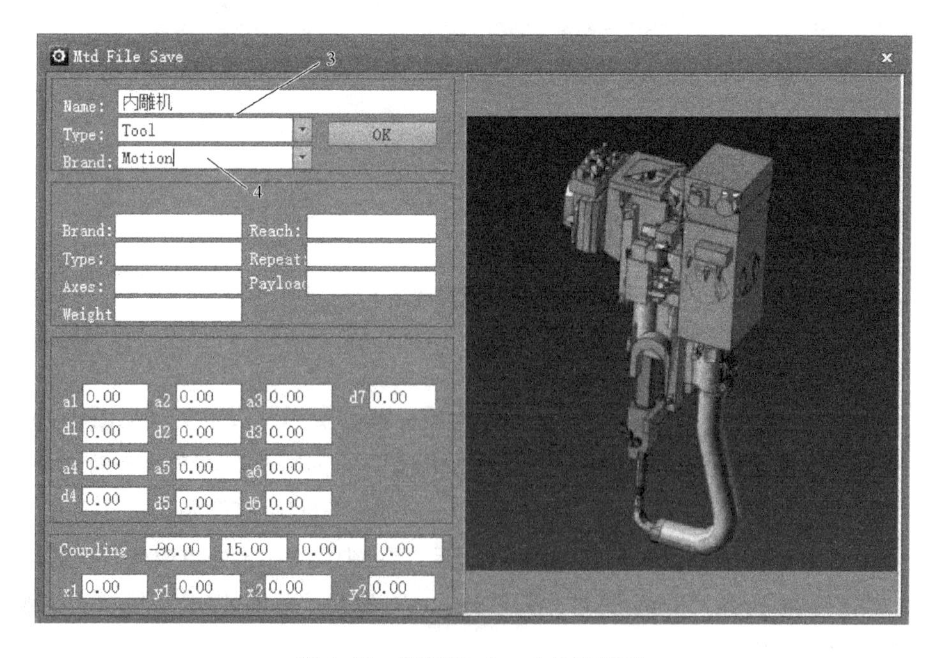

图 3-47 保存 Motion 文件设置页

3.4 夹爪模型的搭建

本节先从机器人夹爪控件的搭建入手。夹爪控件由夹具主体、左滑块以及右滑块三个部分组成。

1. 添加夹爪控件

如图3-48所示，在“功能区”位置1处单击“运动机构”；在位置2处Machine类型选择“Tool”；在位置3处输入名称“夹爪”；在位置4处单击“新Machine”图标，即可添加夹爪控件。

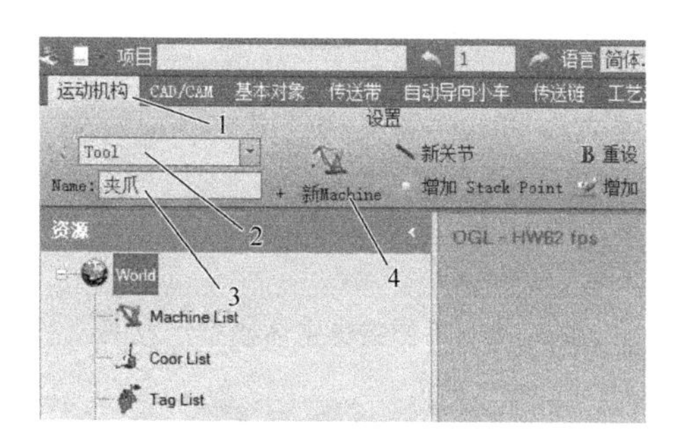

图3-48 添加夹爪控件示意图

2. 添加夹具主体模型

单击“资源”设置页中资源树的“夹爪”分支，再单击图3-49中位置1，切换至“关节”设置页；在位置2“父关节”处出现“夹爪—Machine List—World”；在位置3“关节名”处输入名称“夹具主体”；在位置4处选择“simple_fixed”，指定此关节为固定关节，“Axis Vector”中的其他数据使用默认值，不必修改。

上述步骤完成以后，单击图3-49中位置5处的“+...”按钮，增加模型关节；按照位置6处的文件路径找出对应模型；在位置7处选中“夹具主体.step”；单击位置8处的“新关节”图标，即可添加夹具主体模型。

（注：添加的模型相对于世界坐标系来说可能会比较小，滚动鼠标滚轮即可放大或者缩小。）

3. 添加左、右滑块模型

如图3-50所示，在图中位置1处单击“运动机构”；在位置2处选择“Tool”（工具）；在位置3处命名为“夹爪”；修改位置4“父关节”的内容为

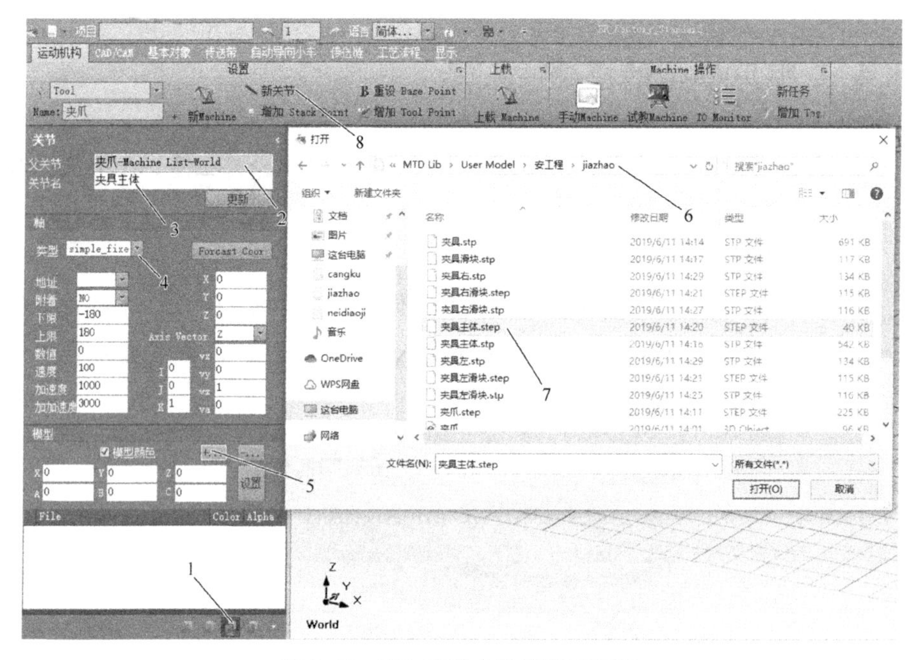

图 3-49　添加夹具主体模型示意图

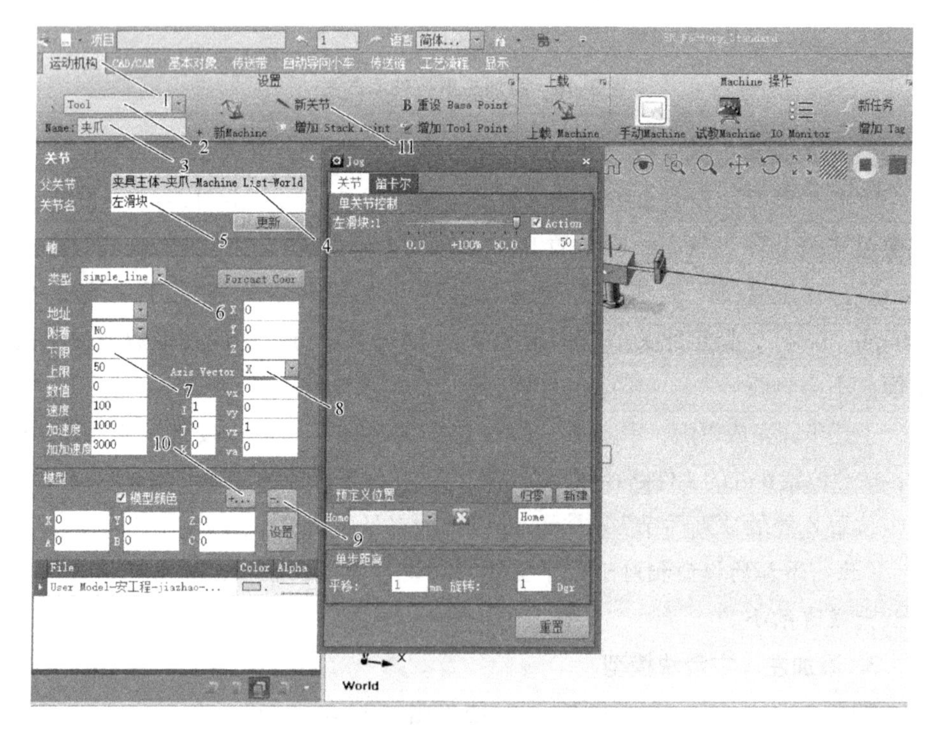

图 3-50　添加左、右滑块模型示意图

“夹具主体—夹爪—Machine List—World”；在位置 5 “关节名” 处输入 “左滑块”；在位置 6 处选择 “simple_lined”，指定此关节为简单线性类型；在位置 7 处调整移动的下限为 0、上限为 50；在位置 8 处调整移动方向沿 X 轴方向移动（正方向还是负方向视具体情况而定）。上述步骤完成以后，先单击位置 9 处的 “ -... ” 按钮，删除上一个添加的模型，再单击位置 10 处的 “ +... ” 按钮，找到指定文件路径下的 “夹具左滑块 . step”，添加该关节。最后单击 “更新” 按钮（此时选择 “更新” 按钮是因为左右滑块并非从属关系，而是并列关系。左滑块运动的同时无须带动右滑块的运动）。采用同样方法添加右滑块。

4. 添加夹爪模型

如图 3-51 所示，在图中位置 1 处单击 “运动机构”；在位置 2 处选择 “Tool”；在位置 3 处命名为 “夹爪”；修改位置 4 处的 “父关节” 内容为 “左滑块—夹具主体—夹爪—Machine List—World”；在位置 5 “关节名” 处输入 “左爪”；在位置 6 处选择 “simple_fixed”，指定此关节为简单固定类型，其他数据采用默认初始值，不必修改。上述步骤完成以后，先单击位置 7 处的 “ -... ” 按钮，删除上一个添加的模型，再单击位置 8 处的 “ +... ” 按钮，按照指定文件路径找出夹爪，最后单击位置 9 处的 “新关节” 图标，即可添加夹爪模型。

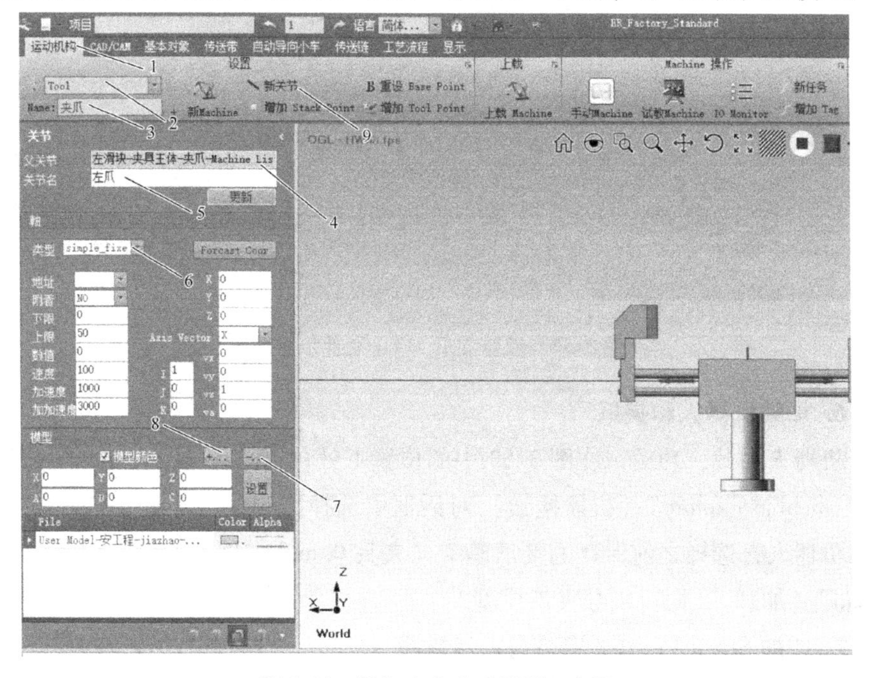

图 3-51　添加左右夹爪模型示意图

5. 保存 MTD 文件

添加上述模型后，即可完成夹爪模型的搭建，并需要对模型进行保存，以便后续使用时可以直接调用。保存夹爪 MTD 文件示意图如图 3-52 所示，选中“资源”设置页中资源树上“夹爪”分支，用鼠标右键单击弹出列表框中的“Export dmt File”，打开 dmt 文件列表，出现“Mtd File Save”（MTD 文件保存）界面框（见图 3-52），在图中位置 1 处修改名称为“夹爪”；在位置 2 处选择“Tool”；在位置 3 处选择“Motion”；在位置 4 处单击“OK”按钮，保存文件。

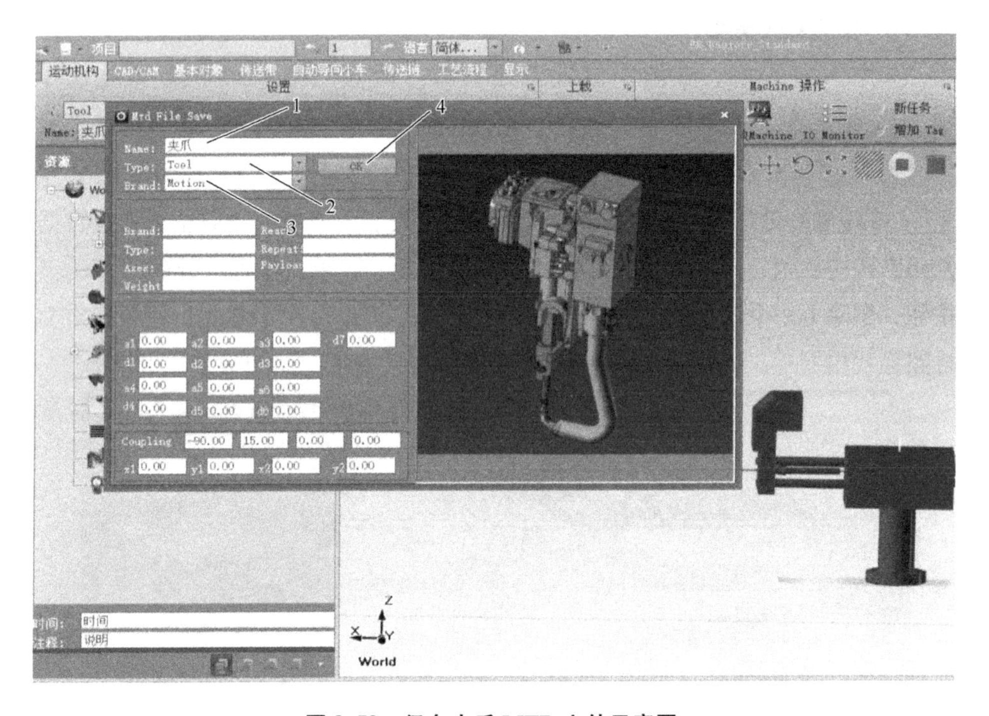

图 3-52　保存夹爪 MTD 文件示意图

6. 加载机器人和夹爪

机器人加载成功后，在图 3-53 中的位置 1 处单击“上载 Machine”按钮；在“Machine Explore”（机器搜索）对话框中选择图中位置 2 处“Motion”类型的机器人，选择之前保存的夹爪模型（夹具 0. mtd 文件）；单击位置 3 处的“Load”（加载），即可加载夹爪模型。

7. 增加 Stack Point（堆叠点）示意图

单击图 3-54 中位置 1 处的“增加 Stack Point”按钮；单击位置 2 处“选

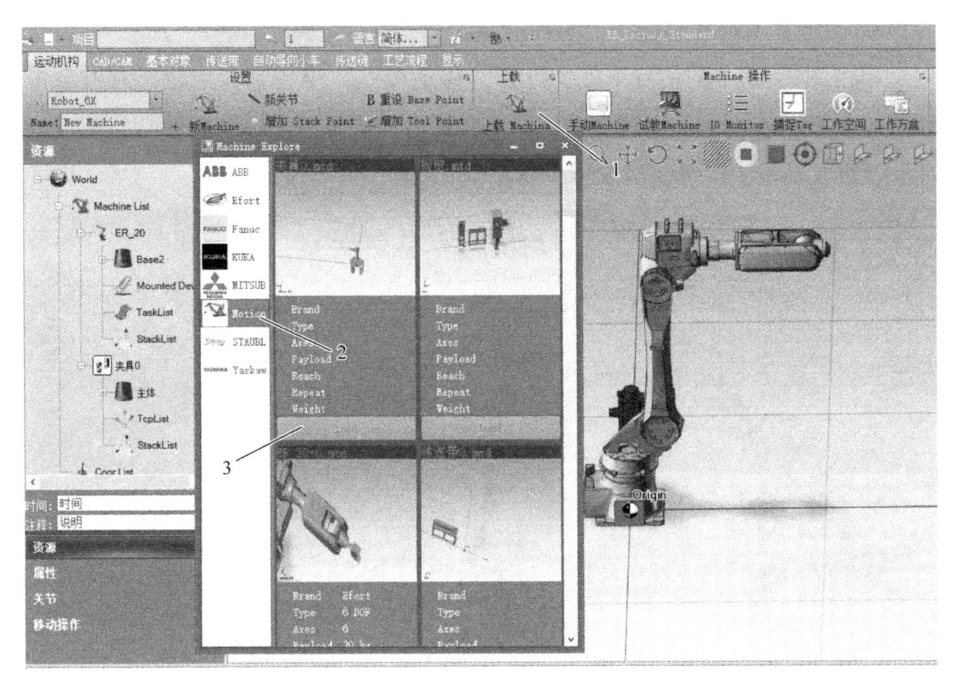

图 3-53　机器人的加载示意图

择面中心点”操作符；将鼠标移至位置 3 机器人处，完成增加 Stack Point 的操作，场景区出现图中所示的法兰坐标系。以上操作结束后，需要再单击“增加 Stack Point”按钮和“选择面中心点”操作符。

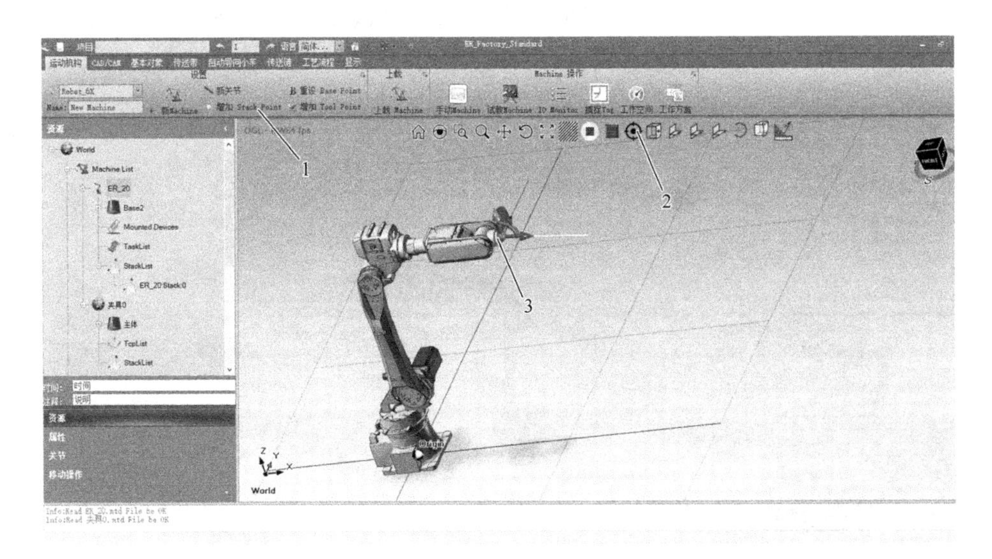

图 3-54　增加 Stack Point 示意图

8. 调整夹爪基准坐标

单击图 3-55 中的位置 1 处，打开“移动操作”设置页；用鼠标右键单击位置 2 处夹爪的模型，出现夹爪的法兰坐标系，调整该坐标系，使其与机器人 Stack Point 点的法兰坐标系保持一致。

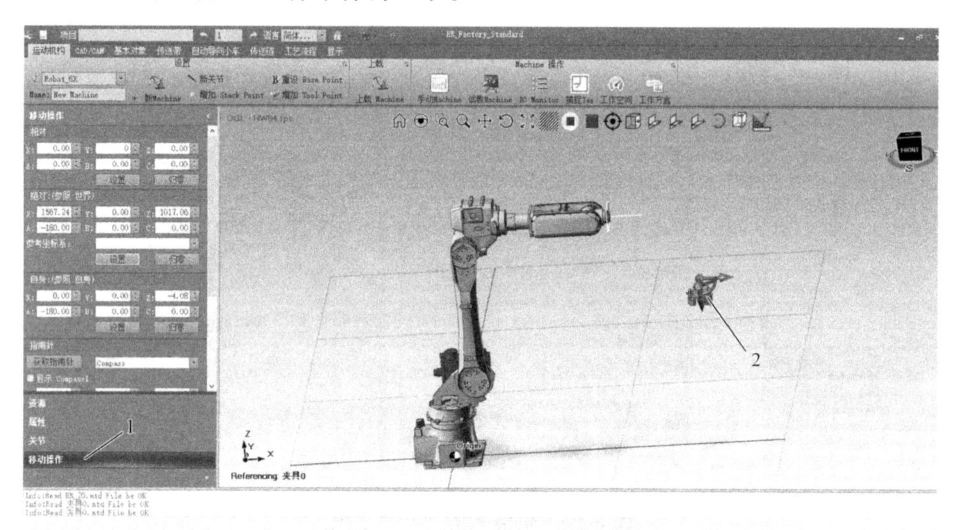

图 3-55　调整夹爪基准坐标示意图

9. 装载和卸载夹爪

如图 3-56 所示，打开“资源”设置页资源树中所有树形控件分支，单击图中位置 1 处，拖动夹爪控件移至位置 2 处，夹爪装载完成；拖动夹爪控件移至位置 3 处，夹爪卸载完成。

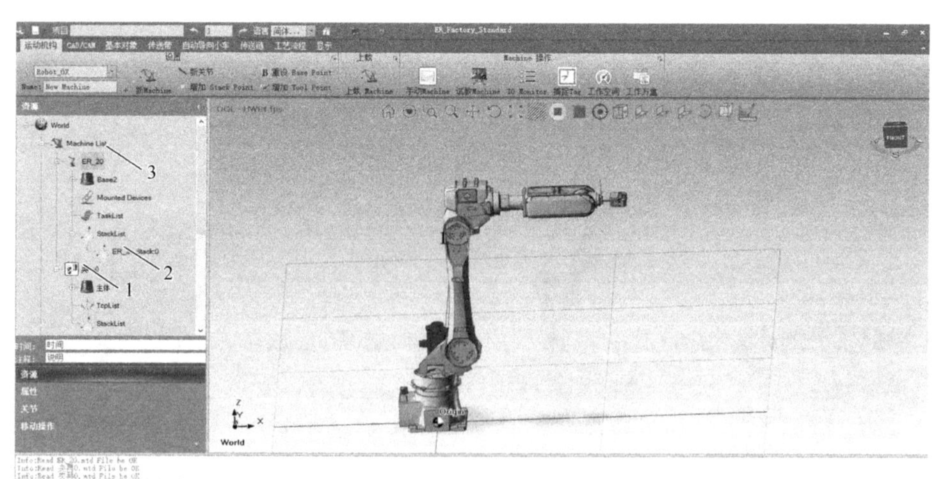

图 3-56　装载和卸载夹爪示意图

3.5 传送带模型的搭建

传送带平台用于生产线上原料与半成品的传输，传送带模型由直线气缸、夹具托盘和支撑架等部分组成。为了完成传送带模型的搭建，需要清楚传送带的运动机制，即托盘在场景区是沿X轴还是其他坐标轴运动的。

1. 添加传送带控件

如图3-57所示，在图中位置1处单击“运动机构”；在位置2处选择“Tool”类型；在位置3处输入名称“传送带”；在位置4处单击“新Machine”按钮，即可添加传送带控件。

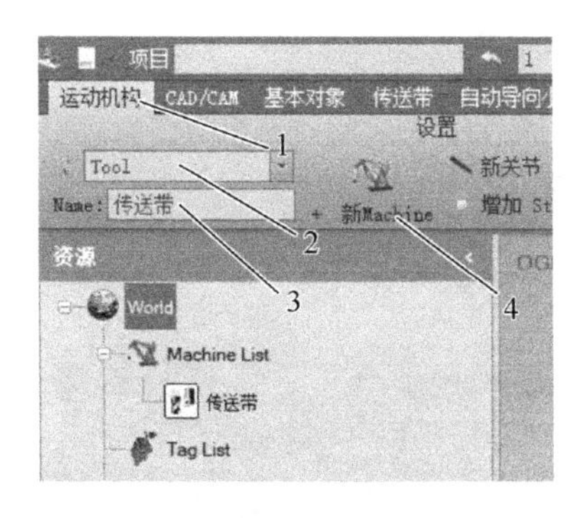

图3-57　添加传送带控件示意图

2. 添加传送带主体模型

如图3-58所示，选中“资源”设置页资源树中“传送带”分支，在下方4个设置页中单击位置1处，切换至“关节”设置页；在位置2“父关节”设置内容“传送带—Machine List—World”；在位置3“关节名”处输入名称“主体”；在位置4处选择“simple_fixed”，指定此关节为简单固定类型，其他数据选择默认值，不必修改。上述步骤完成以后，单击位置5处的“+...”按钮，按照位置6处的文件储存路径找出对应模型，选中并打开位置7处“传送带主体.step”文件，单击位置8处的“新关节”按钮，即可添加传送带主体模型。

3. 添加托盘模型

如图3-59所示，先调整好传送带的位置和方向，图中位置1“父关节”

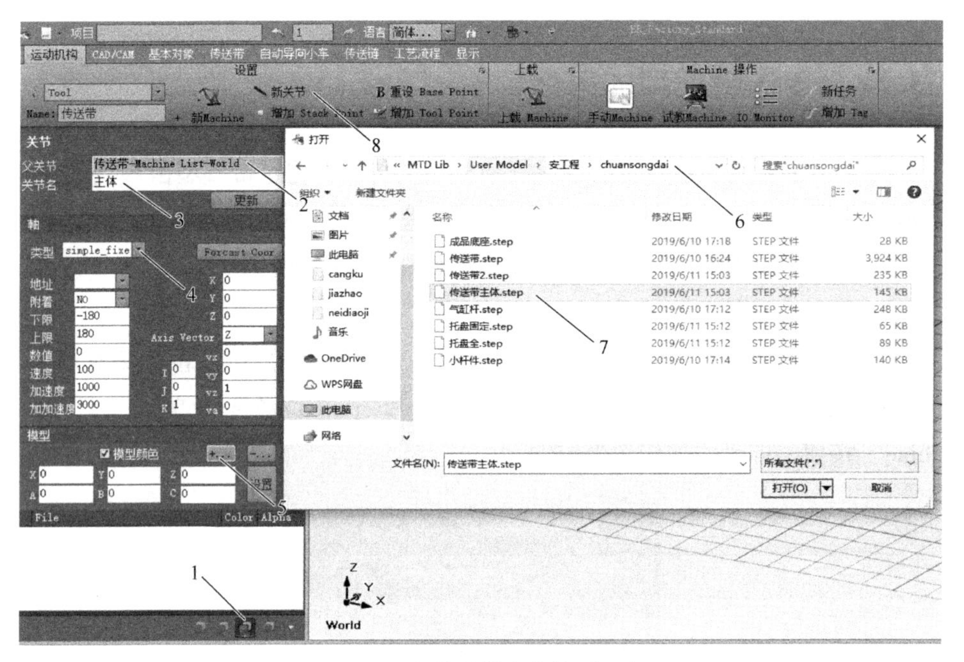

图 3-58　添加传送带主体模型示意图

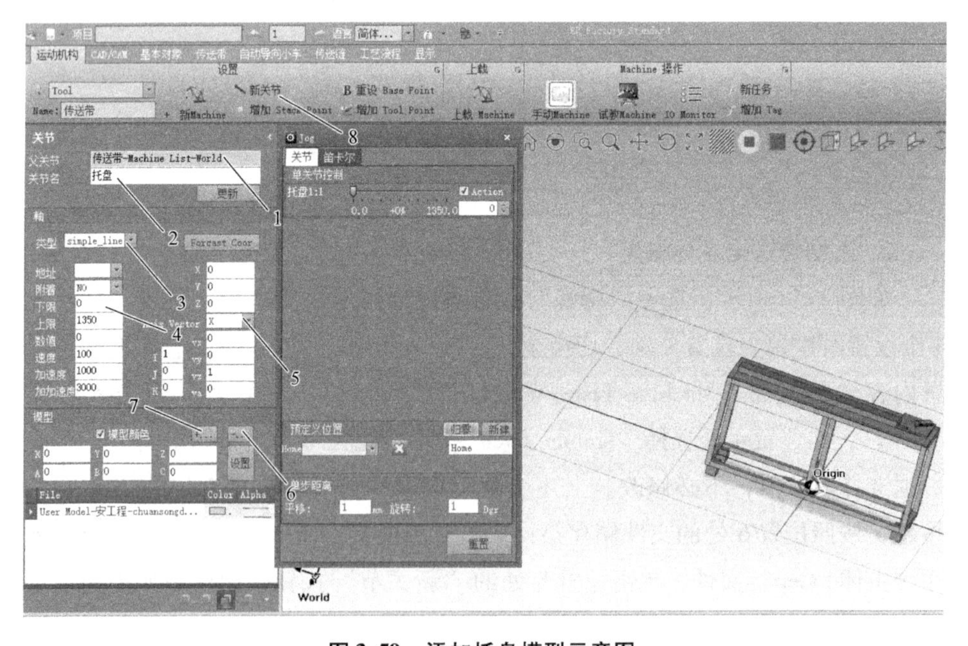

图 3-59　添加托盘模型示意图

内容保持不变，仍为“传送带-Machine List-World”；在位置 2“关节名”处输入名称“托盘”；在位置 3 处选择“simple_line”，指定此关节为简单线性类型；将位置4处的下限设定为0、上限设定为1350；修改位置5处的“Axis Vector”为“X”（调整移动方向沿X轴正方向移动）。添加模型需要先单击位置6处的“-...”按钮，删除上一个添加的模型，然后单击位置7处的“+...”按钮，按照指定文件路径找出对应模型进行添加。添加模型成功后，单击位置8处的“新关节”按钮，即可添加托盘模型。

4. 保存MTD文件

如图3-60所示，选中“资源”设置页中资源树上“传送带”分支（位置1处），单击鼠标右键，在弹出菜单中选择“Export dmt File”，出现“Mtd File Save”对话框。在图中位置2处修改名称为“传送带”；在位置3处选择类型“Tool”；在位置4“Brand”处选择类型“Motion”；在5位置处单击“OK”按钮，保存文件。

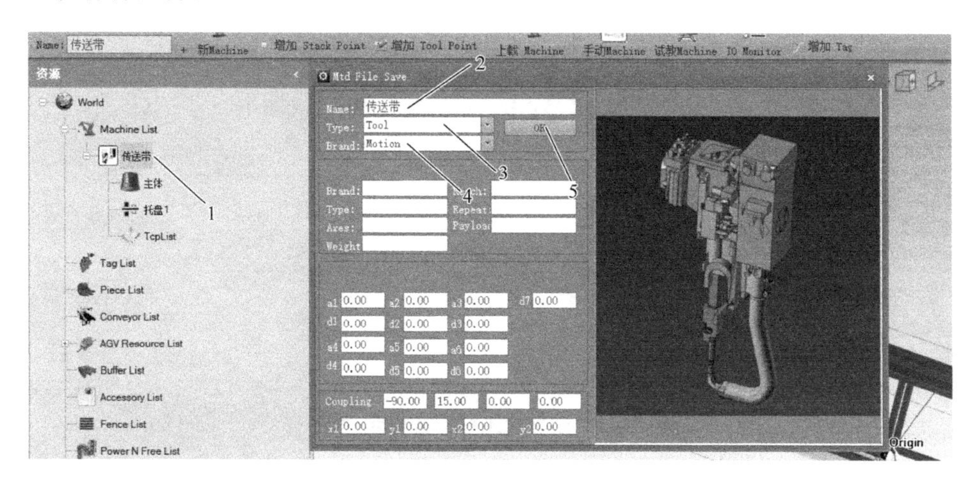

图3-60　保存传送带MTD文件示意图

3.6　数控加工机床模型的搭建

数控加工机床（简称机床）是本生产线的重要组成部分之一。本节在掌握离线编程软件ER-Factory的基本操作的基础上，利用计算机和ER-Factory软件添加数控加工机床模型、左（右）门模型并保存相应的MTD文件，然后进行实际布局、离线编程、机床上料与下料等操作。通过软件了解机床上料、下料的流程和步骤，熟悉机床工作的仿真过程，掌握模型添加、模型导入、模型搭建的和动作仿真等操作。

1. 添加加工机床控件

如图 3-61 所示，在图中位置 1 处单击“运动机构”；在位置 2 处选择“Normal”（普通型）；在位置 3 处输入名称“加工”；在位置 4 处单击“新 Machine”。

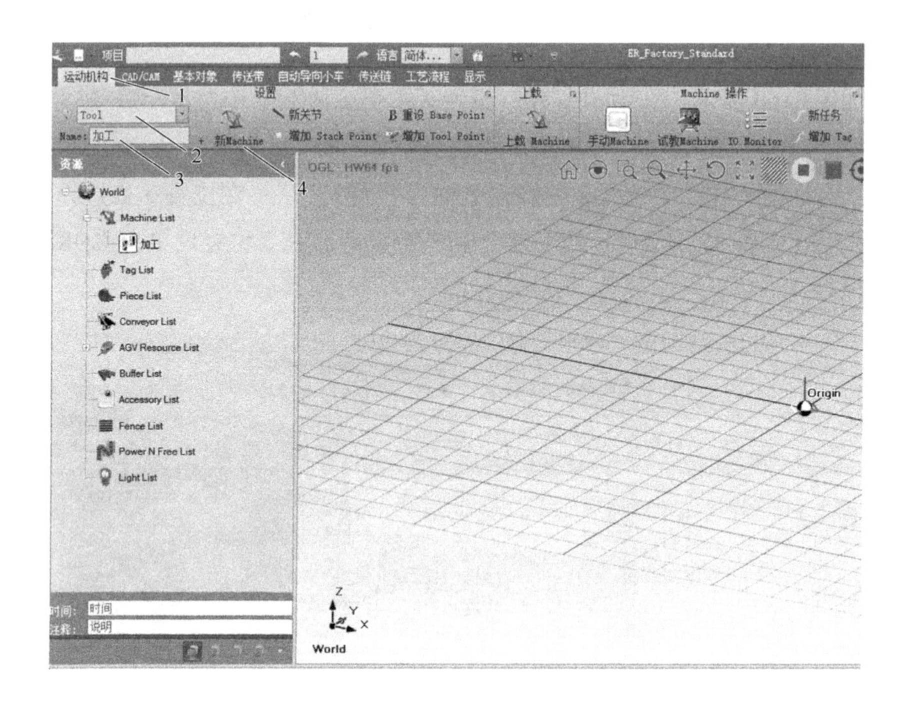

图 3-61 添加加工机床控件示意图

2. 添加机床模型

如图 3-62 所示，单击鼠标左键选中“资源”设置页资源树上树形控件中的“加工”分支，在位置 1 处切换至“关节”设置页；将位置 2“父关节”内容设置为“加工机床—Machine List—World”父关节点；在位置 3 处输入名称“主体”；在位置 4 处选择“simple_fixed”，指定此关节为简单固定类型，其他数据默认初始值不修改。添加模型先单击位置 5 处的“+...”按钮，按照位置 6 处的路径找出对应模型。打开位置 7 处的“Y. STEP”文件，并单击位置 9 处的“新关节”按钮即可在场景区添加机床关节模型。

3. 添加左（右）门模型

如图 3-63 所示，调整好机床的位置和方向，将位置 1 处的“父关节”内

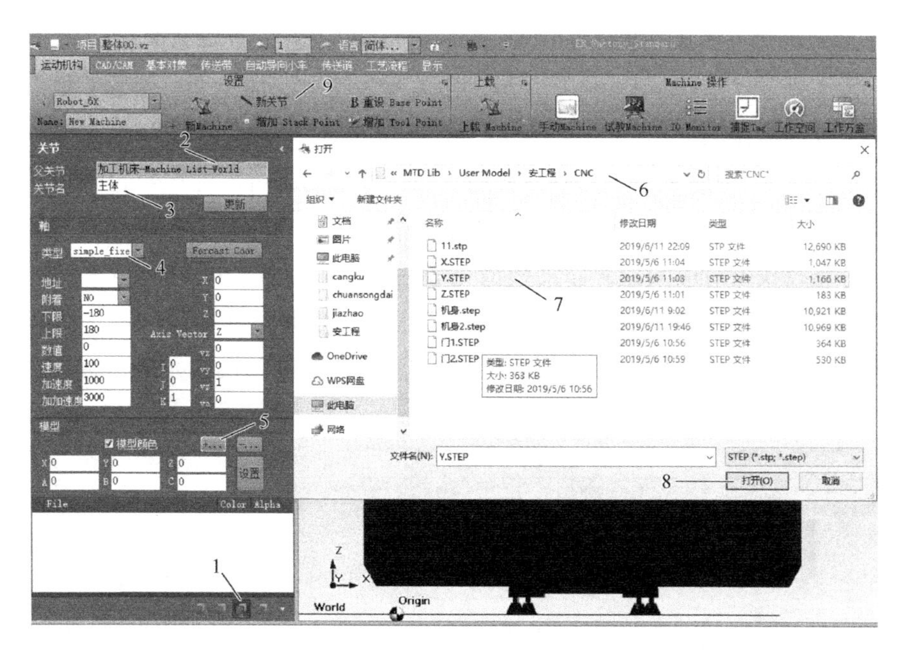

图 3-62　添加机床模型示意图

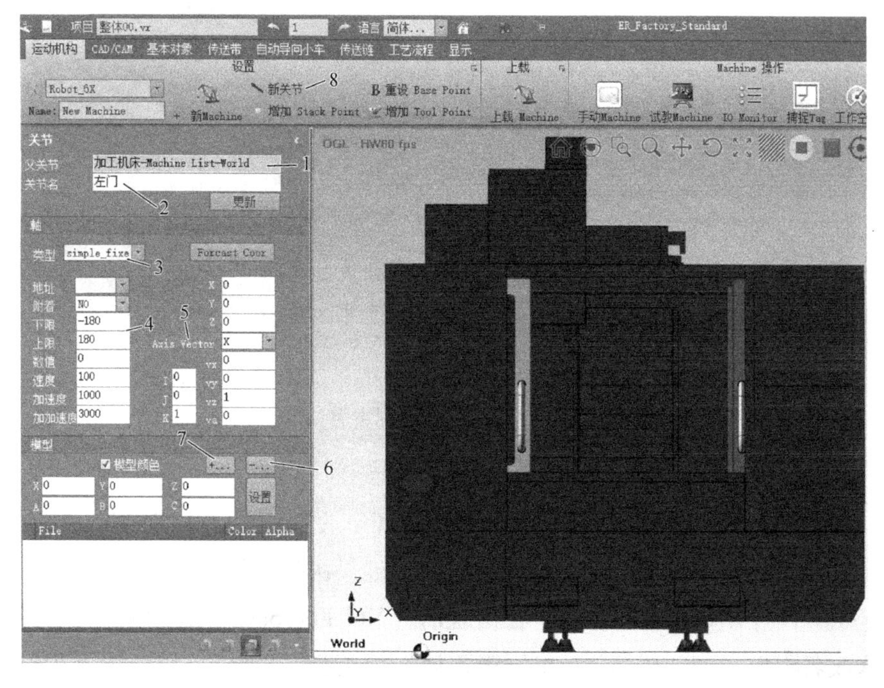

图 3-63　添加左门模型示意图

容修改为“加工机床—Machine List—World”；在位置 2 处输入名称“左门”；在位置 3 处选择“simple_lined”，指定此关节为简单线性类型；位置 4 处调整移动限度（下限为 -180、上限为 180）；在位置 5“Axis Vector”处调整移动方向沿“-X”（沿 X 轴负方向）移动。添加模型先单击位置 6 处的“-...”按钮，删除上一个添加的模型，然后单击位置 7 处的“+...”按钮，按照指定文件路径找出对应模型，添加模型完成后，单击位置 8 处的“新关节”按钮，即可添加左门模型。同理，添加右门模型，并调整其移动下限为 -180，上限为 180，调整移动方向沿 X 轴正方向移动。添加右门模型如图 3-64 所示。

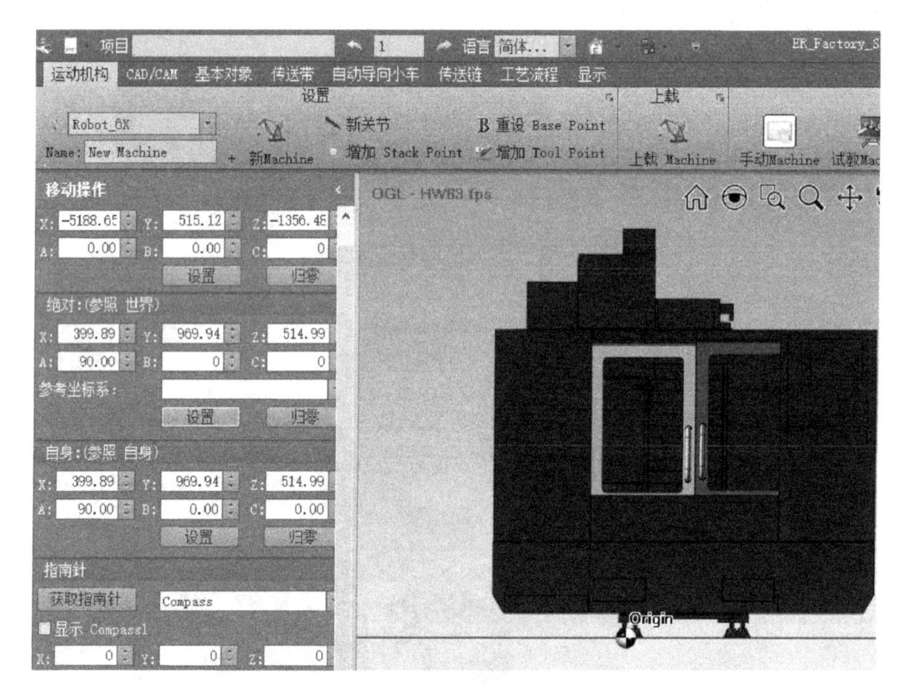

图 3-64　添加右门模型

4. 保存 MTD 文件

如图 3-65 所示，用鼠标左键选中“资源”设置页资源树 Machine List 中的“加工”分支（位置 1 处）；单击鼠标右键，在弹出的菜单中选择“Export dmt File”，打开 dmt 文件列表，在出现的“Mtd File Save”对话框中的位置 2 处修改名称为“加工机床”；在位置 3 处选择类型“Tool”；在位置 4 处选择“Motion”；最后在位置 5 处单击“OK”按钮，保存文件。

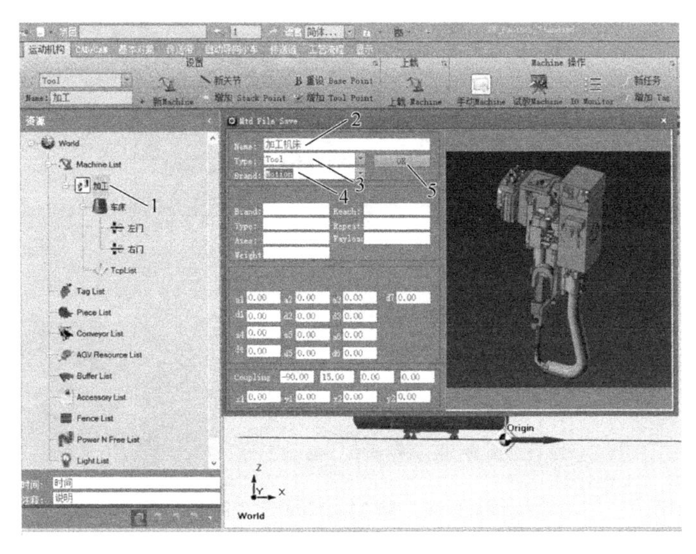

图 3-65　保存加工机床 MTD 文件示意图

3.7　清洗机模型的搭建

清洗机模型是数控加工中心的组成部分之一。该模型有两个槽，分别为清洗槽和烘干槽，主要用来清洗和烘干机床加工成型的水晶底座，以提高产品品质量。本节介绍的清洗机模型为固定模型，不需为其添加任何指令，直接从对应的文件夹里调取其模型，保存 MTD 文件即可。

1. 添加清洗机控件

如图 3-66 所示，在图中位置 1 处单击“运动机构”；在位置 2 处选择“Normal”；在位置 3 处输入名称“QX”；在位置 4 处单击“新 Machine”按钮；在“资源”设置页的资源树 Machine List 中增加“清洗机”分支。

2. 添加清洗机模型

如图 3-67 所示，用鼠标左键单击“资源”设置页资源树 Machine List“清洗机”分支，然后切换页面至“关节”设置页（见图 3-67），“父关节”内容设置为“QX—Machine List—World”，在图中位置 1 处输入关节名“清洗机”；在位置 2 处选择类型“simple fixed”，设定此关节为简单固定类型。单击位置 3 处的“+...”按钮添加模型，按照对应的保存路径找出对应模型“清洗机.step”（见位置 4），单击位置 5 处的“新关节”，即可完成清洗机模型的添加。

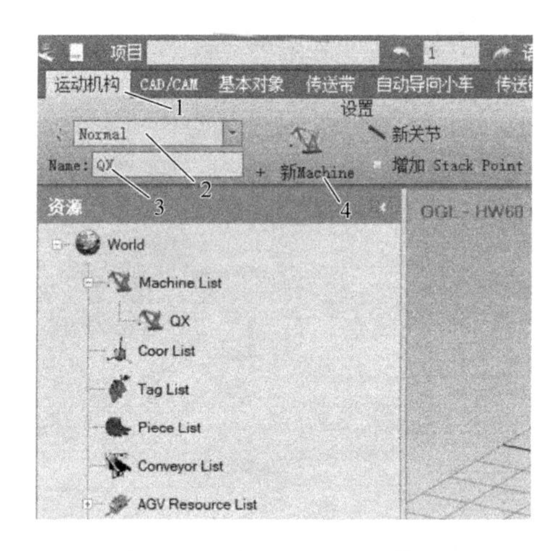

图 3-66　新 Machine 示意图

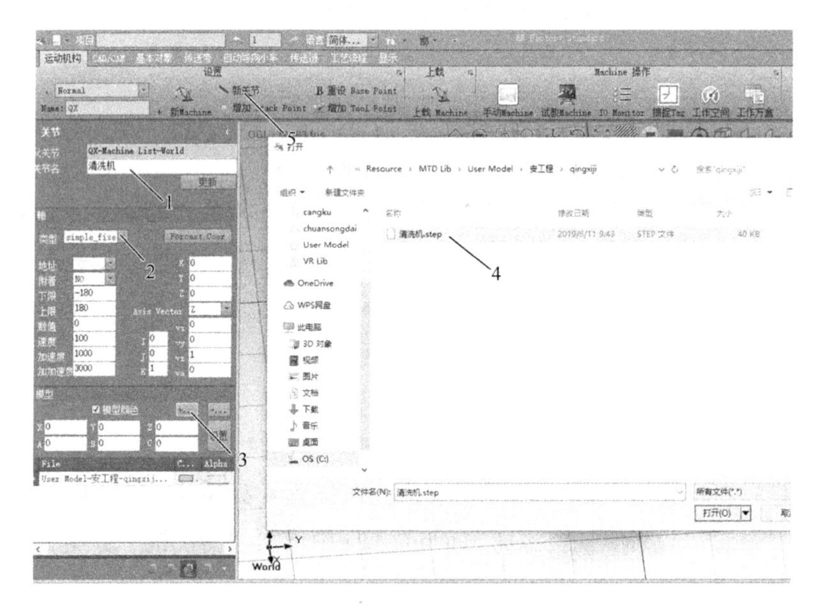

图 3-67　添加清洗机模型示意图

3. 保存 MTD 文件

保存 MTD 文件示意图如图 3-68 所示，用鼠标左键选中“资源”设置页面 Machine List（位置 1）“QX”控件，用鼠标右键在弹出的菜单中选择“Export dmt File”，打开 dmt 文件列表，出现 Mtd File Save（保存 Mtd 文件）对话框；在位置 2 处修改名称为“QX”；在位置 3 处选择机器人类型为“Normal”；在位置 4 处选择“Motion”；在位置 5 处单击“OK”按钮，保存文件。

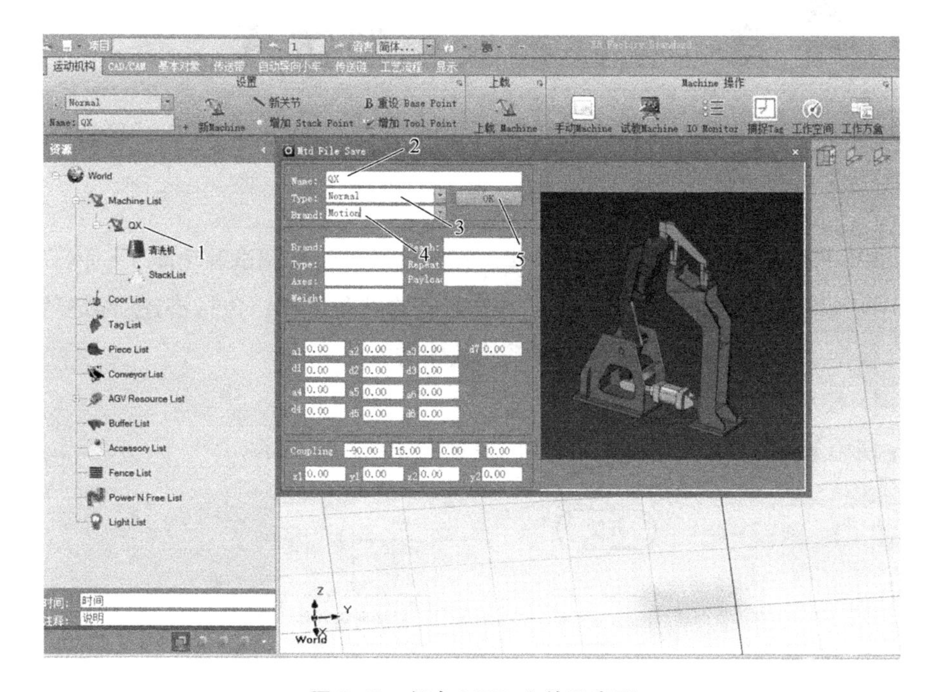

图 3-68　保存 MTD 文件示意图

第 4 章 搭建模块模型仿真

ER-Factory 仿真软件集模型搭建、在线编程与仿真调试等功能于一体。为了实现预期系统的模拟仿真，需要完成必要的准备工作，包括搭建所需模型、组合模型生成模块和组合模块实现系统整体的构建。

1. 模块搭建的一般步骤

使用 ER-Factory 进行模块搭建的流程图如图 4-1 所示。

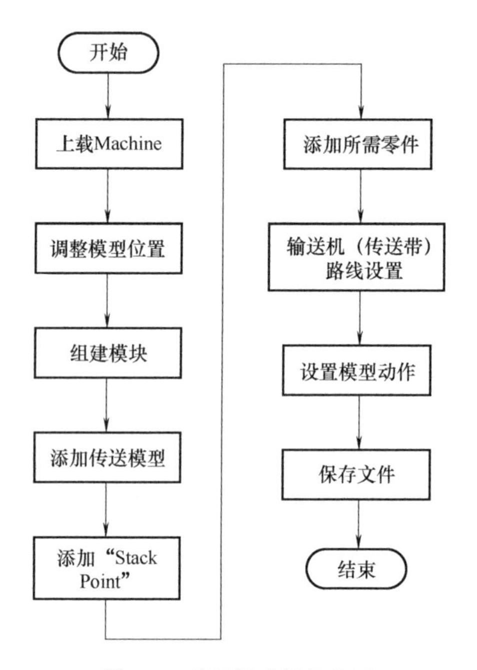

图 4-1 模块搭建的流程图

模块搭建的主要步骤如下：

（1）上载 Machine 上载的模型须是已经搭建好的模型（关于模型的搭建请参照第 3 章的内容）。单击功能区的“上载 Machine”，选择左侧选项中的“Motion”，找到所需模型单击“Load”（加载）。

注意：进行此步操作时可一次性完成所有所需模型的上载，也可分步上载

Machine，即组合好相关联的两个模型之后再上载第三个模型。

（2）调整模型位置　所有上载的模型都是以空间坐标的原点加载的，需要利用辅助坐标将各个模型按适当的顺序进行摆放。将所有模型调整至同一水平面，并保证相互之间空出适当的距离。

（3）组建模块　将位置调整好的模型按照预期系统的摆放位置摆放整齐，并组合起来。

（4）添加传送模型　通过添加传送模型来建立各个 Machine 之间的关系，如传送带、AGV 等。

（5）添加“Stack Point”　此操作旨在确定零件相对于机械的操作位置与方向。

注意：当有多个零件使用一个“Stack Point”时，可能会相互冲突，此时一般设置多个“Stack Point”，并将各个“Stack Point”分别移动至不同位置。

（6）添加所需零件　此步骤可按照需要对模型进行 Dmt 定义。

（7）输送机（传送带）路线设置　在配有传送带的系统中需要对输送机（传送带）设置路线，包括设置路线点和设置决策点，在4.1节中有详细介绍。

（8）设置模型动作　对于不同的对象有不同的动作要求。在“资源”设置页的资源树上选择设置动作的对象→分别打开“手动 Machine”和“调试 Machine”设置页→建立 Task→添加“脚本”任务单元。

2. 系统整合与仿真

搭建各个所需模块的思路整体是一致的。模块搭建完成之后是整个系统的搭建，系统构建与仿真流程图如图4-2所示。

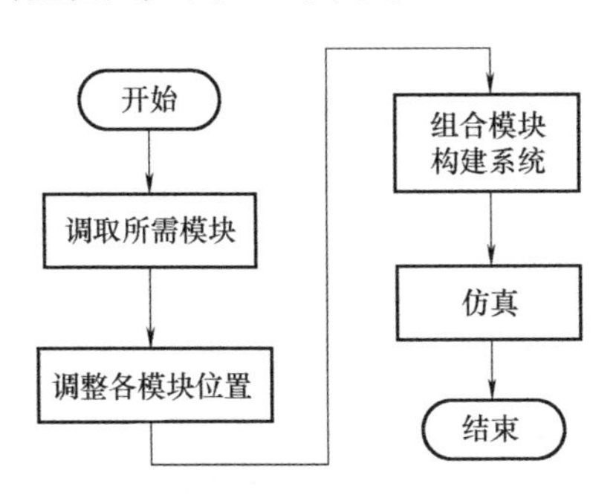

图4-2　系统构建与仿真流程图

（1）调取所需模块　打开 VR 文件，在导航栏中文件“File”下单击“打开”，出现“VR_Explore”（VR 文件搜索）窗口，调用第一个所需模块。紧接着调用其他模块时直接单击“File”下的“导出VR文件”便可弹出“VR_Explore”窗口，导出其余所需的VR文件即可。上载AGV小车的过程与“上载Machine”操作相同。

（2）调整各模块位置　调出全部所需VR文件后将各模块按系统设计图所示摆放整齐，摆放过程中应注意模块之间的间距，避免模型间过分紧凑造成机器人机械臂在运动的过程中伸缩受限。

（3）组合模块构建系统　在系统整体设计时便已知各个模块之间的协同工作关系，因此该步骤就是要实现模块内部的精确调整以及模块之间的衔接，同时为了确保位置调整符合系统工作的要求，可以对各模型的动作进行逐条调试和修改。

（4）仿真　在完成系统整体模型搭建之后便可进入仿真阶段。基本步骤为：添加任务集→添加Task任务（注意此操作应在“任务集”可编辑状态下进行，且一个任务集里最少需要两个任务才可以进行联动仿真，所以当只有一个任务时，可创建一个空任务，再将其拖进任务集中，任务单元之间会出现一条黑色的箭头连线，表示此两个任务之间已建立起联动连接）→勾选任务集窗口右上角“Included”（包括）前端的小方框→单击“开始”按钮开始仿真（详情请参考2.4.3节联动流程操作）。

下面仍然以智能生产线为例进行具体说明。分别介绍立体仓库、分拣手、内雕机、夹爪、传送带等常见零部件的搭建以及是如何进行运动的，并进一步将零部件进行组装，成为一个个比较完善的模块，同时逐步规划每个模块的运动路径。在第4.4节构建成一条完善的人工智能生产线。

4.1　智能物流平台搭建

智能物流系统是工业4.0的重要组成部分，它可以节约用地，降低人员的劳动强度，避免货物损坏遗失，消除差错，提供仓储自动化水平和管理水平。

基于物联网技术的仓储管理，可实现对原材料、半成品、成品等货物的盘点上料、货物中途跟踪记录、入库管理、出库管理、仓储数据管理等过程。

仓储管理软件可以对毛坯件、成品进行出入库管理，还可以对库存数量、库存总价等信息进行统计；能自动选择最优的出入库货位，优化作业路径，提高仓库运行效率；能为仓库作业全过程提供自动化和全面的记录，提高工作效率；能为仓库的所有活动、资源和库存水平提供及时的正确信息。

智能物流平台由立体仓库（见 3.1 节）、输送机和分拣手（见 3.2 节）三个模型组成。图 3-15 中，堆垛机沿着 Y 轴移动到货物的位置时，堆垛机板 1 带动堆垛机板 2 沿着 Z 轴向上到达货物的高度，接下来堆垛机板 2 沿着 X 轴向外提取货物，堆垛机板 1 与 2 复位，带着提取的货物回到堆垛机中。堆垛机继续沿着 Y 轴移动到出库区，将货物送至输送机上，然后分拣手运动，夹取货物后送至 AGV 小车，并把货物放置在 AGV 小车上。

1. 上载 Machine

如图 4-3 所示，在图中位置 1 处单击"上载 Machine"按钮；在位置 2 处选择"Motion"，分别找到"立体仓库"与"分拣手"两个模型，然后单击"Load"，在场景区就会显示出添加的两个模型。

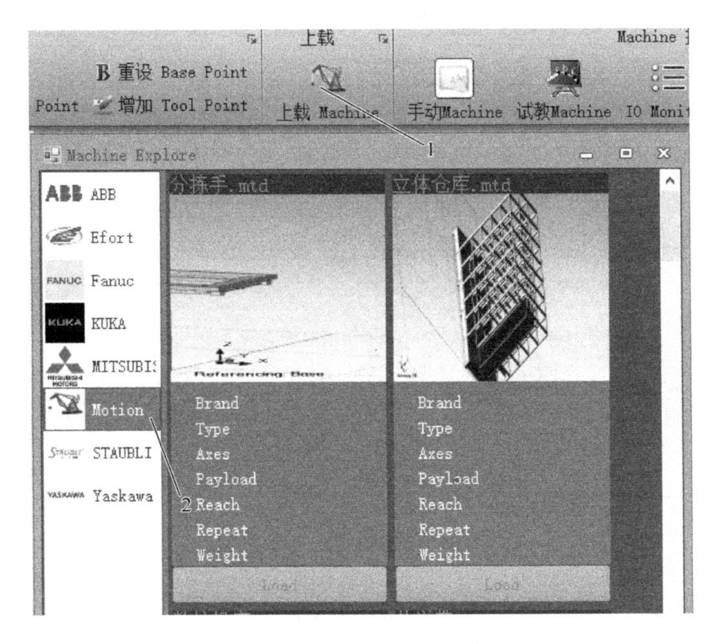

图 4-3　上载 Machine 示意图

2. 组装模型

智能物流平台位置摆放图如图 4-4 所示，将分拣手与立体仓库按照图中所示位置进行摆放。

3. 添加传送带

如图 4-5 所示，在功能区中选择位置 1 处的"传送带"，切换到传送带功

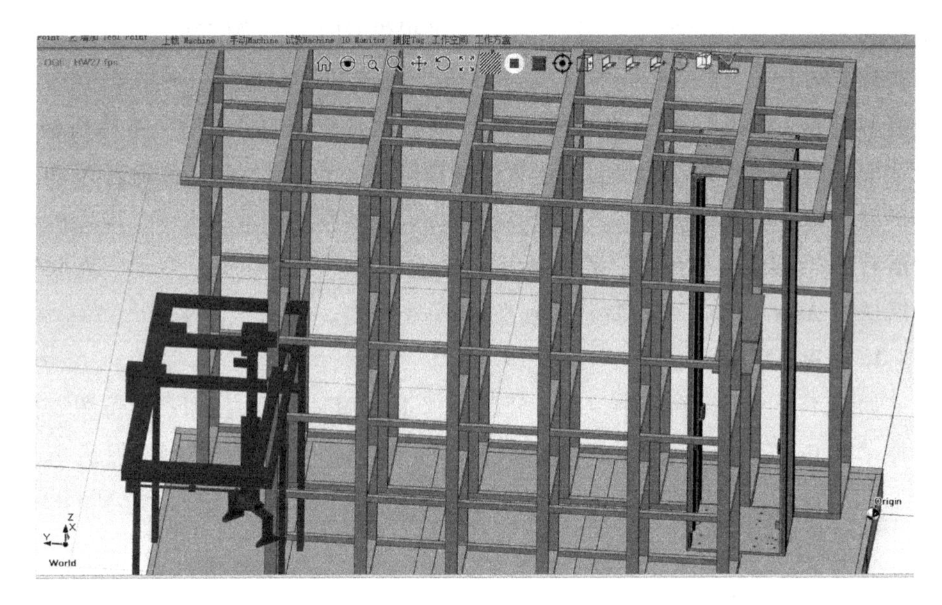

图 4-4　智能物流平台位置摆放图

能区，单击图中位置 2 处的“传送带”按钮，并将传送带命名为 Conveyor1，然后单击位置 3 处的“OK”按钮。

图 4-5　传送带功能区示意图

单击图 4-5 中的“OK”按钮后会出现图 4-6 所示的传送带设置页，单击其中的“DMTCO…”按钮，添加“输送机 . dmtco”文件后，单击“确定”按钮。

当输送机 Conveyor1 出现以后，按照上述步骤再添加一台输送机，命名为“输送机 2”。添加成功后，将两个输送机按照图 4-7 所示的摆位进行移动。

4. 添加“Stack Point”

当增加“Stack Point”时，需要利用“手动 Machine”中“归零”按钮将模型归位，否则无法设置“Stack Point”。

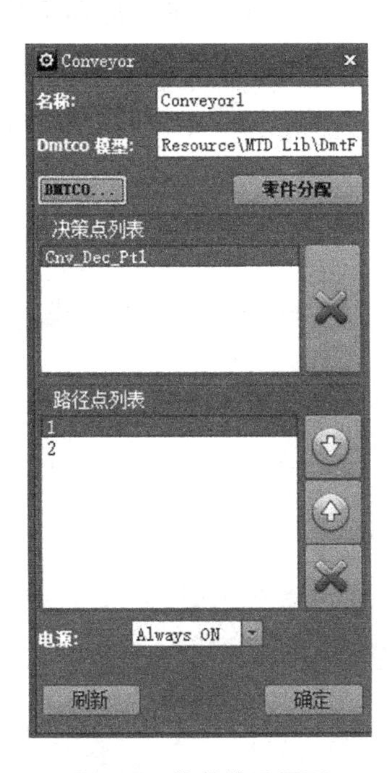

图 4-6　传送带设置页

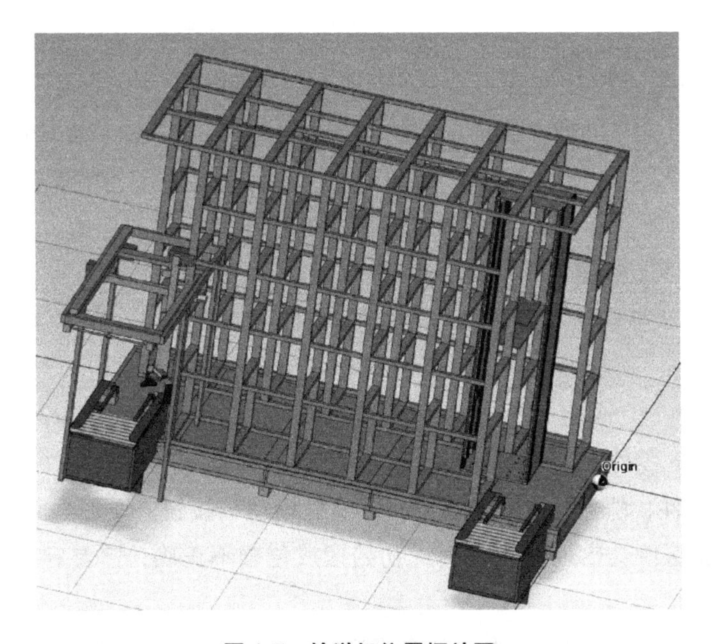

图 4-7　输送机位置摆放图

（1）立体仓库添加“Stack Point”在“运动机构”功能区中选择位置1（见图4-8）处的“增加Stack Point”，然后选择场景区上方3D区域中位置2处的“面中心点”。在立体仓库中位置3处的堆垛机板2（X轴）模型上面点一下。之后依次取消选中位置2处的“面中心点”和位置1处“增加Stack Point”。

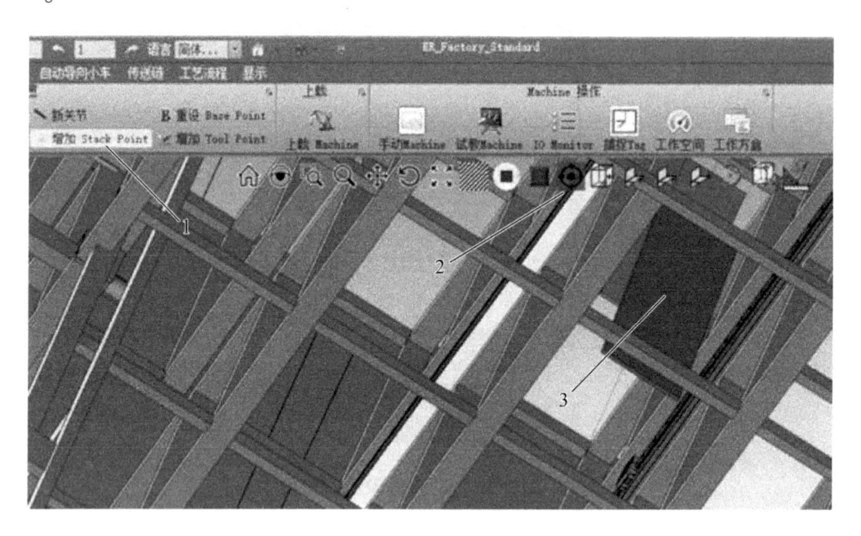

图4-8　增加“Stack Point”示意图

（2）分拣手添加“Stack Point”在“运动机构”功能区中选择“增加Stack Point”，然后选择工作台上方的“面中心点”。在分拣手旋转轴底部添加“Stack Point”。选中后，调整法兰坐标系，将法兰坐标轴Z轴翻转180°，使得Z轴正方向朝上，然后向下平移，最后达到图4-9所示的位置。分拣手设置“Stack Point”示意图如图4-9所示。

5. 添加“托盘全”零件

1）单击“基本对象”功能区（见图4-10）中的“Dmt定义”按钮。

2）按下“Dmt定义”按钮后会出现图4-11所示的“Dmtco File Definition”（Dmtco零件定义）对话框，单击“+...”按钮，添加零件模型“托盘.Dmtco”文件，然后单击“显示Dmtco文件模型”按钮，设置界面不要关闭，此时，场景区中会出现托盘模型（初始摆放位置不正确，需要利用辅助坐标修改位置）。

3）托盘模型归位。单击“托盘模型”，然后单击鼠标右键出现辅助坐标，此时将模型移动放置到原点处，在“移动操作”设置页记录当前的绝对坐标

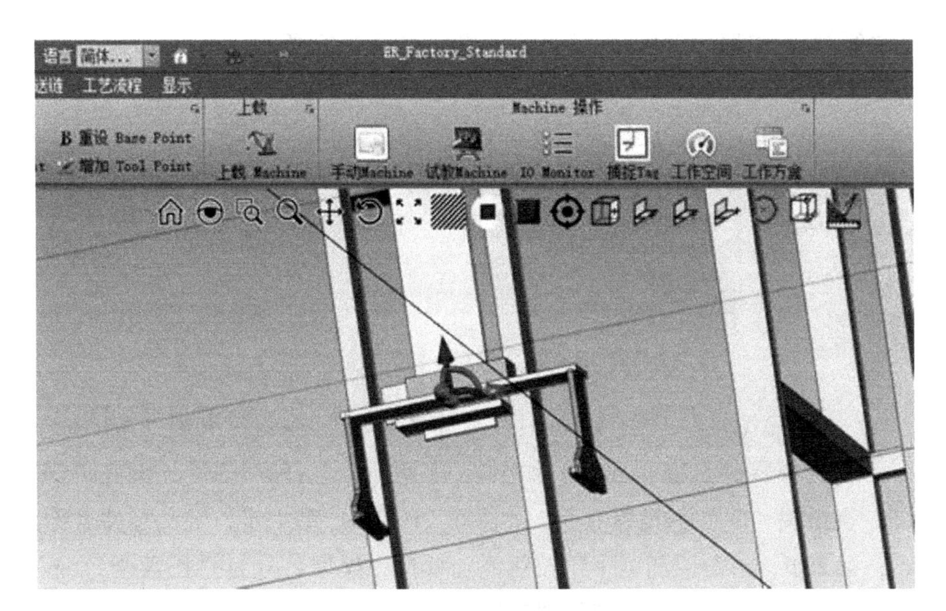

图 4-9　分拣手设置“Stack Point”示意图

图 4-10　“基本对象”功能区示意图

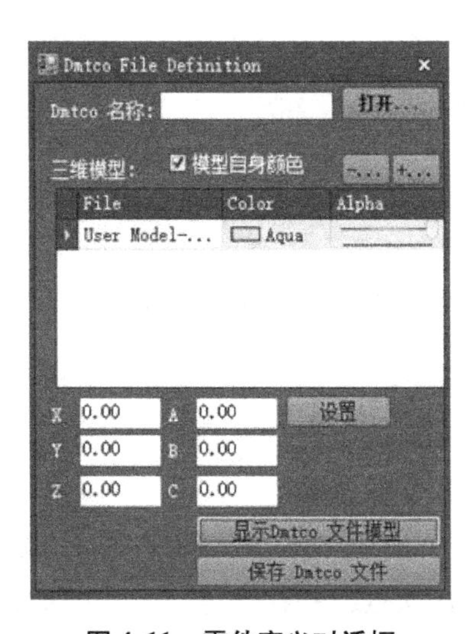

图 4-11　零件定义对话框

值。“绝对：(参照　世界)”绝对坐标界面如图 4-12 所示。

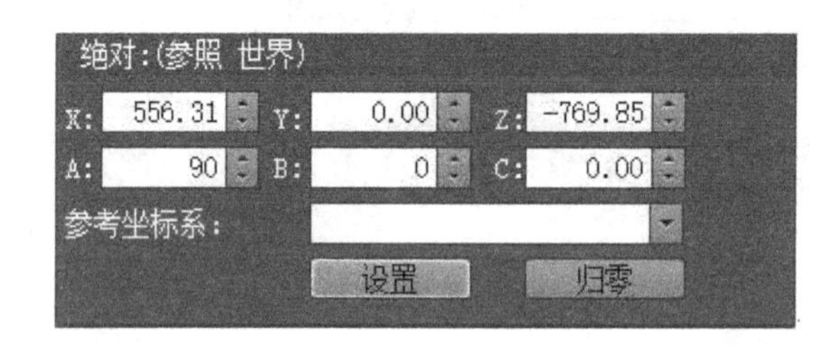

图 4-12　绝对坐标界面

4）添加模型。单击图 4-10 中“新建零件类”按钮，出现“Select Part Class”（选择零件类别）界面，如图 4-13 所示，选择“New”，单击“OK”按钮，会出现“零件”设置界面，如图 4-14 所示。第 1 步，定义零件名称为“A”；第 2 步，单击“浏览…”按钮添加模型，模型名称为“托盘全 . step”；第 3 步，单击添加的模型，使得“三维模型”被定义成功；第 4 步，将记录的绝对坐标值在位置 4 的地方填写完善（务必要按照每个人自己的情况填写，否则后面进行调试 Machine 时会出错）。

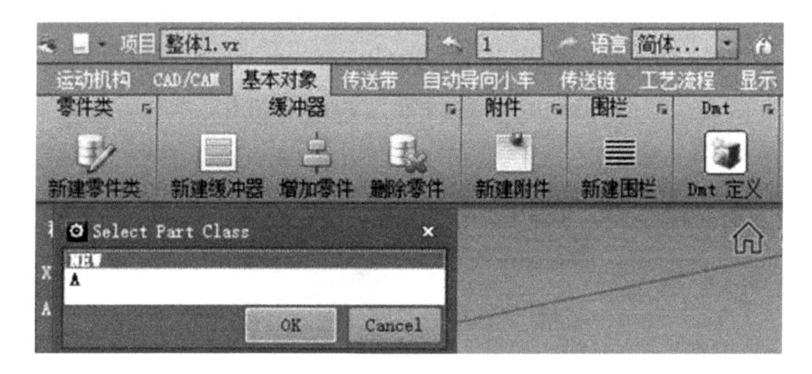

图 4-13　新建零件界面

回到“Dmt 定义”界面，单击“显示 Dmtco 文件模型”，建好的零件模型会隐身，等到后期设置动作时，会自动出现。

6. 输送机（传送带）设置路线

（1）设置路线点　在“传送带”功能区中选中“新建路线点”（见图 4-15），然后单击 3D 区域的“面中心点”；在分拣手一侧的输送机上设置两个路线点（两点连成一条直线），后取消“面中心点”和“新建路线点”选项。接下来，

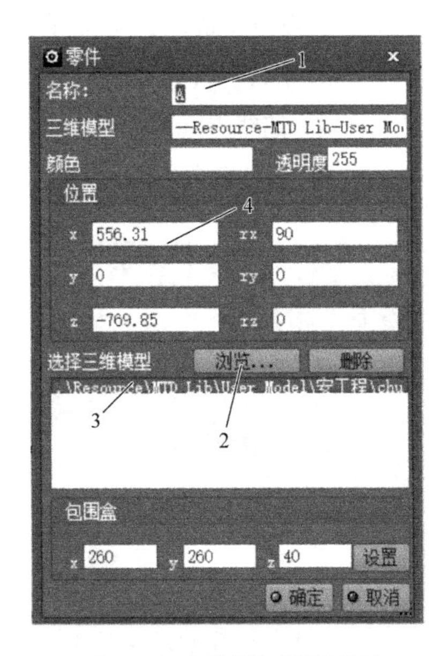

图 4-14　“零件”设置界面

需要将两个路线点的坐标调至一个方向，将路线点的 Z 轴方向调至场景区世界坐标的 Z 轴方向。新建路线点示意图如图 4-15 所示。

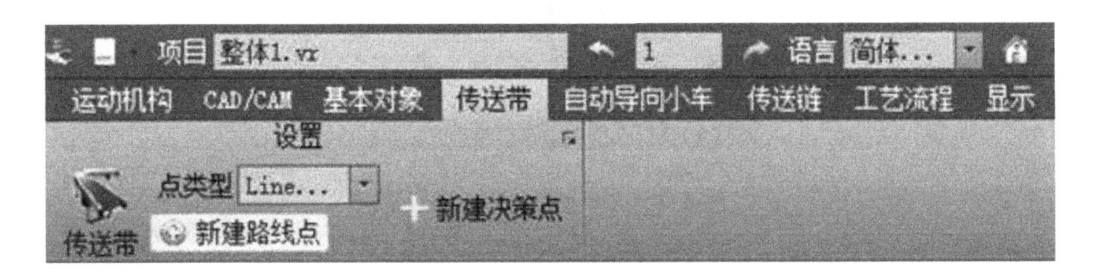

图 4-15　新建路线点示意图

（2）设置决策点　在“传送带”功能区中选中“新建决策点”后，单击 3D 区域的“面中心点”；单击分拣手一侧的输送机，即可设置一个决策点（决策点即停止运动的点），然后取消“面中心点”和“新建路线点”选项，则在输送机上会出现一个“×”符号。接下来，需要将决策点的位置调至与两个路线点同一个方向，将路线点的 Z 轴方向调至场景区世界坐标的 Z 轴方向（坐标调至同一方向是为了使零件在输送机/传送带上运动时不会出错，当决策点坐标与世界坐标无法保持一致时，后续仿真会出现出库物品以某种错误的方式达到传送带的决策点位置，如倒置、侧置）。

为了检查路线点和决策点是否建立成功，可以单击“传送带”功能区中的“传送带”按钮，选择“Conveyor1”（传送带 1），会出现“Conveyor（见图 4-16)”设置页。观察是否有两个路线点（两个路线点确定一条行进路线）和一个决策点（货品出库后停放的位置），若符合条件，则继续进行下一阶段动作。

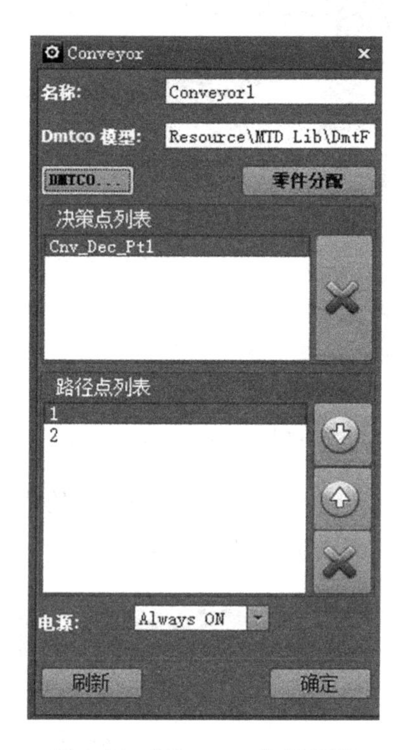

图 4-16 “Conveyor”设置页

7. 立体仓库设置动作

1）在“资源”设置页的资源树上选择“立体仓库”，后分别打开“手动 Machine”和“调试 Machine”设置页。“调试 Machine”设置页如图 4-17 所示。

2）创建“Task”。如图 4-18 所示，在图中位置 1 处显示“Create New Task”（创建新任务）时，单击位置 2“插入”按钮，在弹出的输入框中输入新建任务的名称“立体仓库”，单击“OK”按钮，Task 创建完成。

3）添加“脚本”任务单元。在进行脚本添加任务时，需要了解立体仓库的移动过程。第 1 步：堆垛机（Y 轴）左移到货架的中部；第 2 步：使堆垛机板 1（Z 轴）（见图 3-15）向上运动，抵达货物的高度；第 3 步：堆垛机板 2

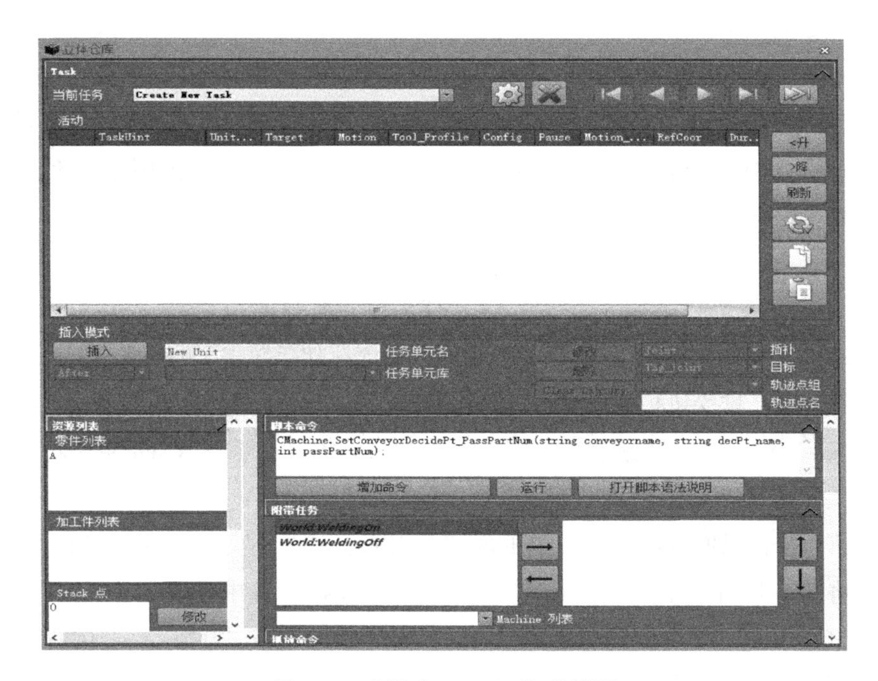

图 4-17　“调试 Machine”设置页

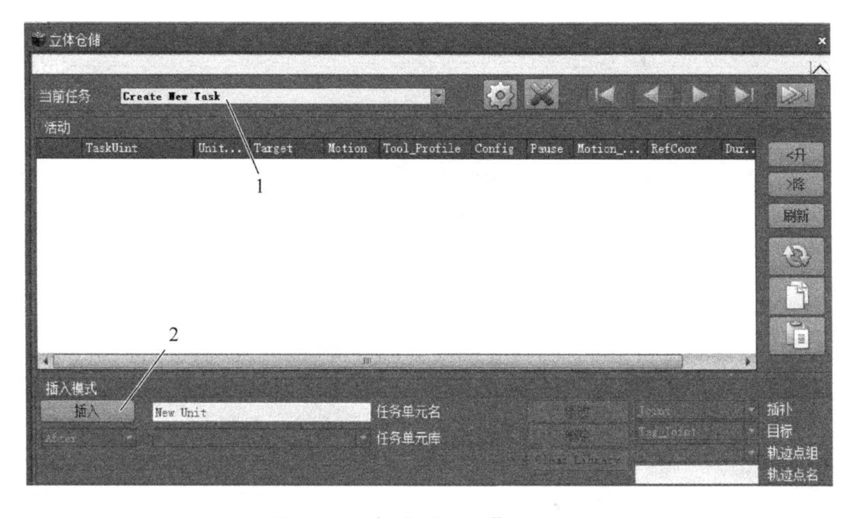

图 4-18　创建“Task”设置页

（X 轴）（见图 3-15）向前移动；第 4 步：抓取货物；第 5 步：堆垛机板 2（X 轴）向后回归原位；第 6 步：堆垛机板 1（Z 轴）向下移动；第 7 步：堆垛机继续左移达到分拣手处；第 8 步：货物向下放置在输送机上；第 9 步：堆垛机

板 1 和 2 回归原位。

第 1 步：堆垛机（Y 轴）左移到货架的中部。当图 4-19 中的位置 1“任务单元库”处显示“New A TaskUnit”（新建一个任务集）时，将“任务单元名”改为“01”。利用“手动 Machine”将堆垛机左移至货架的中部，然后单击图中“插入”按钮。

第 2 步：堆垛机板 1（Z 轴）向上运动抵达货物的高度。当“任务单元库”显示“New A TaskUnit”时，将“任务单元名”改为“02”。利用“手动 Machine”将堆垛机板 1 上移至与货物同一高度，然后单击“插入”按钮。

第 3 步：堆垛机板 2（X 轴）向前移动。当“任务单元库”显示“New A TaskUnit”时，将“任务单元名”改为“03”。利用“手动 Machine”将堆垛机板 2 前移至货物的位置，然后单击“插入”按钮。

第 4 步：抓取货物。当位置 1 的“任务单元库”显示“New A TaskUnit”时，将图 4-19 中位置 2“任务单元名”改为“04”；选中位置 3“零件列表”中的零件“A”以及位置 4 的“Stack 点”列表中的点“0”；单击位置 5 的“修改”按钮，以便零件能够出现在设置好的 Stack 点上；选中位置 6“抓放命令”中的“Pick part”（抓取零件），最后单击位置 7“增加命令”选项，抓取命令完成。

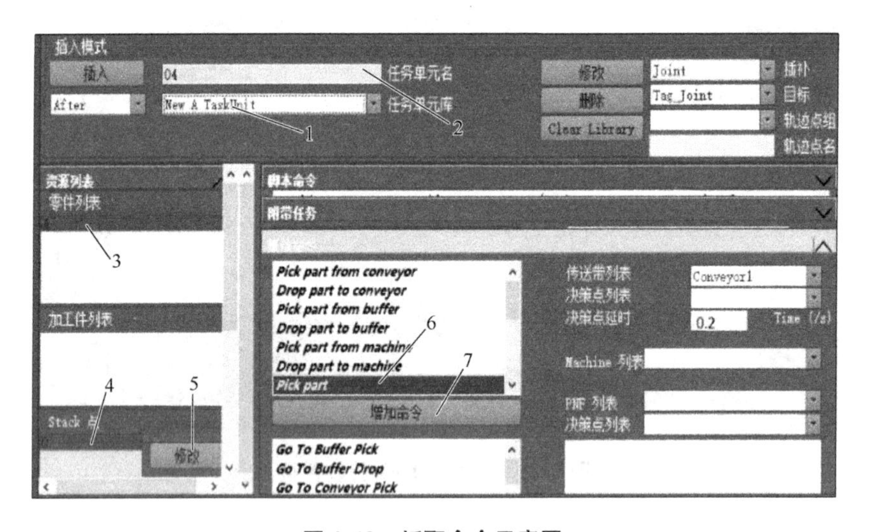

图 4-19　抓取命令示意图

第 5 步：堆垛机板 2（X 轴）向后回归原位。当图 4-20 中位置 1“任务单元库”处显示“New A TaskUnit”时，将“任务单元名”改为“05”。利用

“手动 Machine”将堆垛机板2收回，然后单击“插入”按钮。

第6步：堆垛机板1（Z轴）向下移动。当“任务单元库”显示“New A TaskUnit”时，将“任务单元名”改为“06”。利用“手动 Machine”将堆垛机板1收回到原来高度，然后单击“插入”按钮。

第7步：堆垛机继续左移到分拣手处。当“任务单元库”显示“New A TaskUnit”时，将“任务单元名”改为“07”。利用“手动 Machine”将堆垛机继续左移到分拣手所在的出库口，然后单击“插入”按钮。

第8步：货物向下放置在输送机上。当位置1的“任务单元库”显示“New A TaskUnit”时，将图4-20中位置2“任务单元名”改为“08”；选中图中位置3“零件列表”中的零件“A”以及位置4“Stack点”列表中的点“0”，单击位置5的“修改”按钮，以便零件能够出现在设置好的Stack点上；选中位置6“抓放命令”中的“Drop part to conveyor”（零件放置传送带上）；在位置7“传送带列表”中选择“Conveyor1”，最后单击位置8的“增加命令”选项，完成货物的放置。

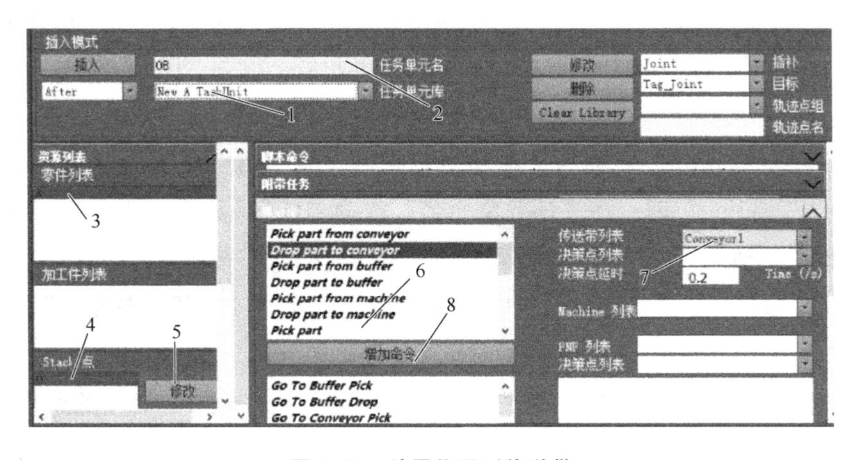

图4-20　放置物品到传送带

第9步：堆垛机板1和2回归原位。当“任务单元库”显示“New A Task Unit”时，将“任务单元名”改为“09”。利用“手动 Machine”将堆垛机板1和2放回原位，然后单击“插入”按钮。立体仓库步骤示意图如图4-21所示。

在进行脚本添加任务时，需要了解分拣手的移动过程。第1步：分拣手X轴、Y轴均移动到货物的上部空间区域；（可根据实际情况调整X轴、Y轴的位置）；第2步：分拣手Z轴向下移动至货物的位置；第3步：从输送机上抓

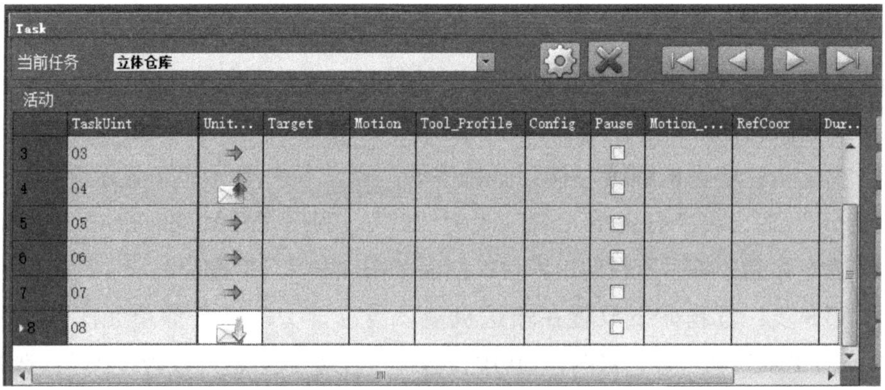

图 4-21　立体仓库步骤示意图

取货物；第 4 步：分拣手 Z 轴向上收回；第 5 步：分拣手移动到 AGV 小车所在位置的正上方；第 6 步：分拣手 Z 轴向下运动；第 7 步：放置货物至 AGV 小车上；第 8 步：将分拣手复原到初始位置。

第 1 步：分拣手 X 轴、Y 轴均移动到货物的上部空间区域。当“任务单元库”显示“New A TaskUnit”时，将“任务单元名”改为“01”。利用“手动 Machine”将分拣手 X 轴移动到货物上部，然后单击“插入”按钮。

第 2 步：分拣手 Z 轴向下移动至货物的位置。当“任务单元库”显示“New A TaskUnit”时，将“任务单元名”改为“02”。利用“手动 Machine”将分拣手 Z 轴向下移动至货物位置，然后单击“插入”按钮。

第 3 步：从输送机上抓取货物。当图 4-22 中位置 1“任务单元库”处显示“New A TaskUnit”时，将图中位置 2“任务单元名”改为“03”；选中位置 3“零件列表”中的零件“A”以及位置 4 的“Stack 点”列表中的点“0”，单击位置 5 的“修改”按钮，以便零件能够出现在设置好的 Stack 点上；选中位置 6“抓放命令”中的“Pick part from conveyor”（从传送带上抓取零件）选项，然后在位置 7“传送带列表”和“决策点列表”中分别选择“Conveyor1”和“Cnv_Dec_Pt1”（传送带决策点 1），最后单击位置 8 的“增加命令”选项，抓取命令完成。

第 4 步：分拣手 Z 轴向上收回。当“任务单元库”显示“New A TaskUnit”时，将“任务单元名”改为“04”。利用“手动 Machine”将分拣手 Z 轴向上收回，然后单击“插入”按钮。

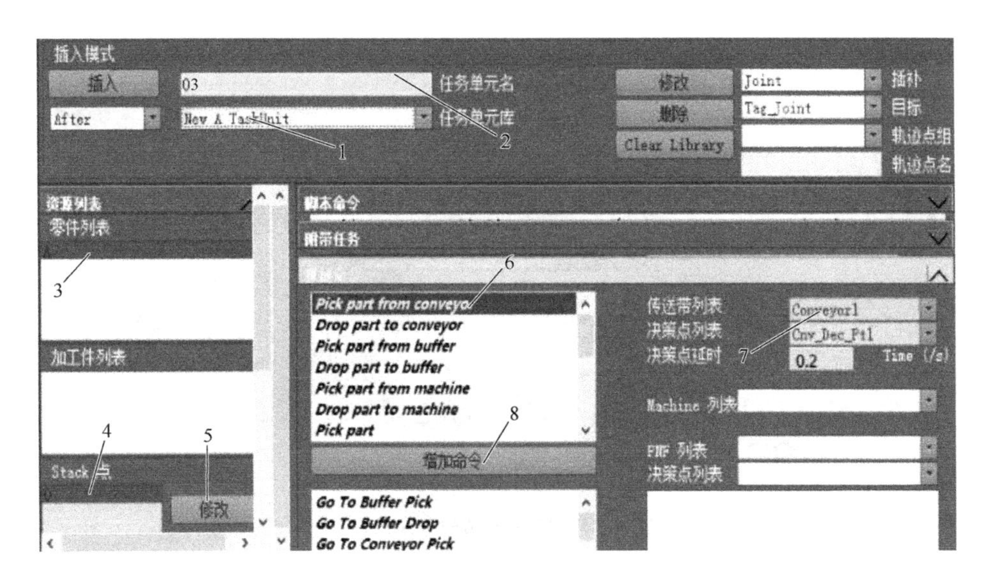

图 4-22　抓取命令示意图

第 5 步：分拣手移动到 AGV 小车所在位置的正上方。当“任务单元库”显示“New A TaskUnit”时，将“任务单元名”改为“05”。利用“手动 Machine”将分拣手移动到 AGV 小车正上方，然后单击“插入”按钮。

第 6 步：分拣手 Z 轴向下运动。当“任务单元库”显示“New A TaskUnit”时，将“任务单元名”改为“06”。利用“手动 Machine”将分拣手 Z 轴向下移动，然后单击“插入”按钮。

第 7 步：放置货物至 AGV 小车上。当图 4-23 中位置 1“任务单元库”显示“New A TaskUnit”时，将图中位置 2“任务单元名”改为“07”；选中位置 3“零件列表”中的零件“A”以及位置 4“Stack 点”列表中的点“0”，单击位置 5 的“修改”按钮，以便零件能够出现在设置好的 Stack 点上；选中位置 6“抓放命令”中的“Drop part”（放置零件），最后单击位置 7 的“增加命令”选项。

第 8 步：将分拣手复原到初始位置。当“任务单元库”显示“New A Task Unit”时，将“任务单元名”改为“08”。利用“手动 Machine”将分拣手放回原位，单击“插入”按钮。

分拣手整体任务示意图如图 4-24 所示。

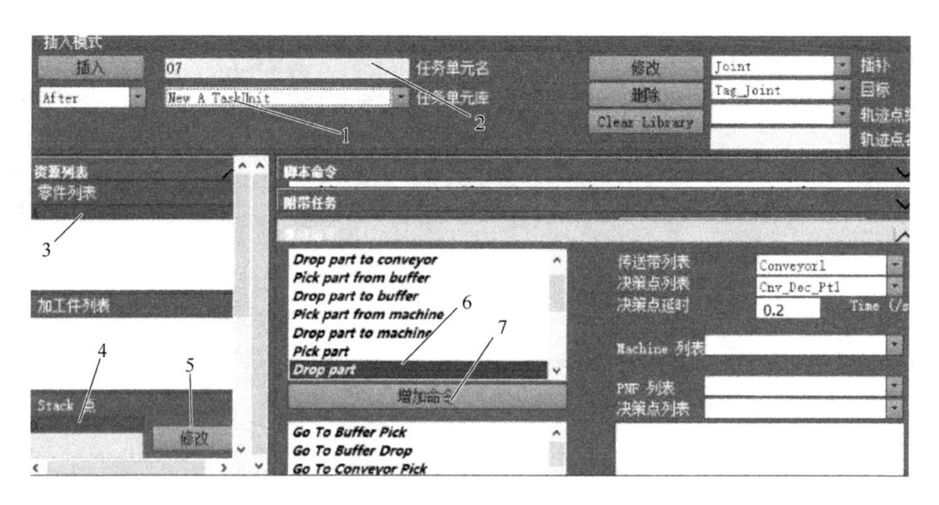

图 4-23　放置物品命令示意图

图 4-24　分拣手整体任务示意图

4.2　激光雕刻中心搭建

激光雕刻中心由激光内雕机、传送带、装配平台和机械手 4 个部分组成。其中，激光内雕机负责对水晶零件进行加工；传送带负责运送零件底座；装配平台可以让 AGV 小车定位并负责将水晶与底座黏合；机械手负责取放、运送各个零件与半成品。

激光雕刻中心的运行流程如下：

1）机械手将 AGV 小车上的水晶放置在激光内雕机中，再将 AGV 小车上的底座抓取放置至传送带，经传送带运送至数控机床。

2）激光内雕机进行水晶加工。

3）机械手夹取雕刻完成的水晶放入装配平台中；加工完成的底座由传送带运回，再由机械手夹取放入装配平台中；装配平台将水晶与底座进行黏合组装；组装完成的成品由机械手夹取，重新放回 AGV 小车中。

在搭建整个模块的过程中，必须有明确的思路和逻辑顺序。机械手的运动与各机器的工作要达到同步效果，这也是模块搭建中的难点与要点。

1. 模型导入

模型导入示意图如图 4-25 所示，在“运动机构”标签页功能区位置 1 处单击“上载 Machine”按钮，出现“Machine Explore”对话框；单击图中位置

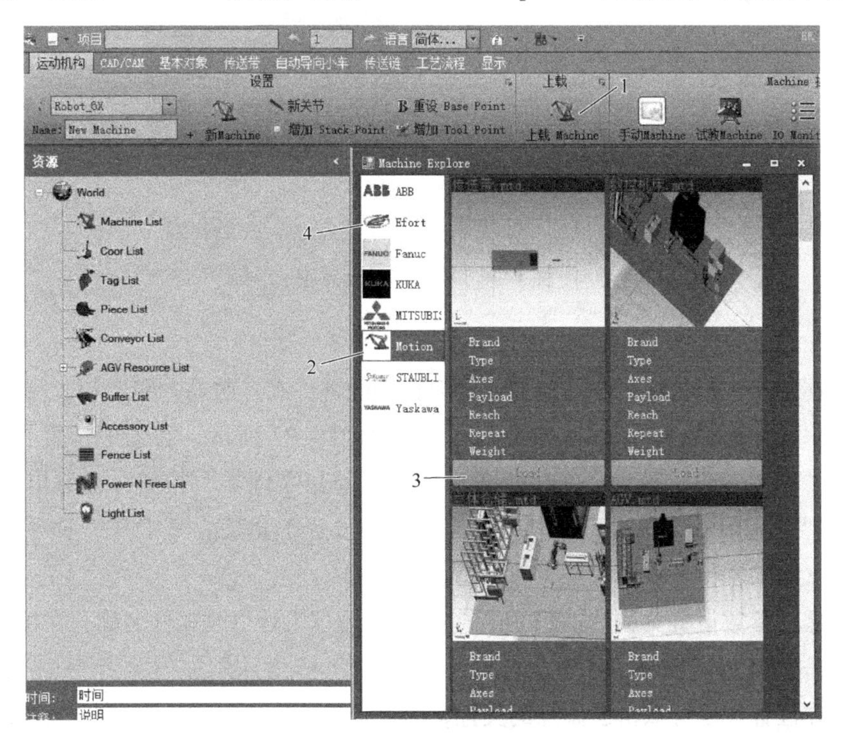

图 4-25　模型导入示意图

2 处“Motion”选项选择激光内雕机模型；单击位置 3 处“Load”按钮，加载所选模型，按上述步骤继续添加传送带模型、装配平台模型和夹爪模型。单击图中位置 4 处的“Efort”（埃夫特）选项，找到并选择型号为“ER-20”的机械手并加载，在弹出的埃夫特平台对话框中选择“Google（谷歌-机械手适配厂商）”选项。

2. 模型位置调整

模型导入默认以场景区世界坐标的原点为基准点，需要将各个模型按适当的顺序进行摆放，且需要将所有模型调整至同一水平面，并在相互之间空出适当的距离，模型摆放的大体位置如图 4-26 所示。

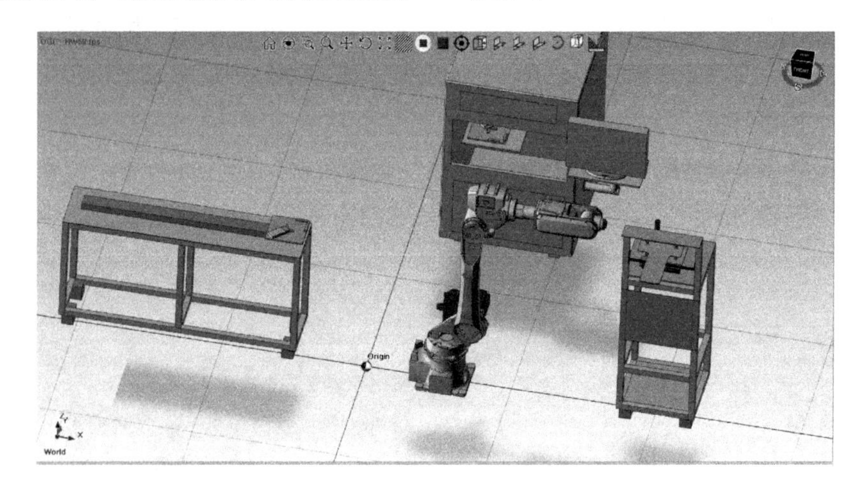

图 4-26　模型位置示意图

3. 添加加工类零件

在整个内雕机模块的运行中，需要用到的零件有：水晶、底座和成品。下面以水晶为例添加零件，添加零件示意图如图 4-27 所示，在图中位置 1 处，单击“基本对象”选项；在位置 2 处单击“新建零件类”按钮；在弹出的对话框“Select Part Class”（选择零件类型）中位置 3 处双击“NEW”选项，即可建立新的零件类模型。

零件参数设置页如图 4-28 所示，在图中位置 1 处更改零件名称；在位置 2 处单击“浏览”按钮，在“安工程”文件夹里搜索并添加“水晶 . step”文件；在位置 3 处可双击已添加的文件，可见位置 4 处的三维模型从空白改变为水晶的文件名，单击“确定”按钮，水晶零件文件即添加成功。其余零件的添加顺序与水晶零件的添加顺序相同。

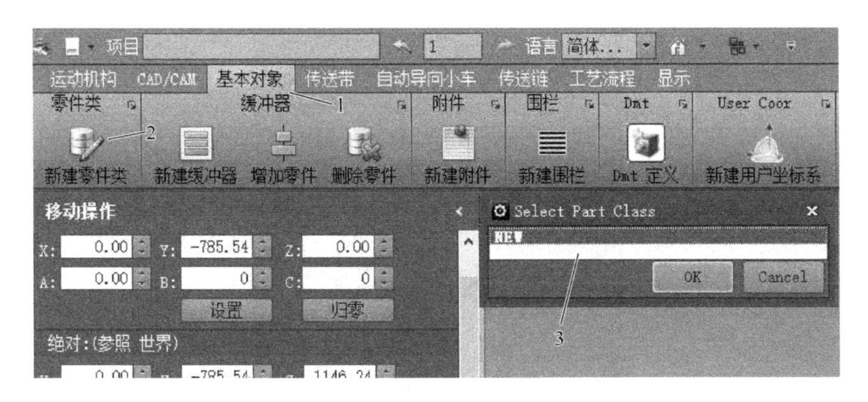

图 4-27　添加零件示意图

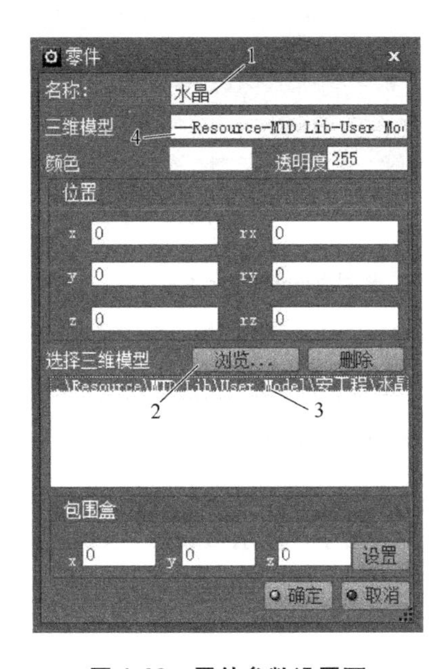

图 4-28　零件参数设置页

4. 零件的 Dmt 定义

Dmt 定义设置页如图 4-29 所示，单击图中位置 1 处的“Dmt 定义”按钮，出现“Dmtco File Defintion”对话框；在图中位置 2 处单击“+...”按钮，在相应的文件夹中选择水晶的文件；在位置 3 处会出现水晶的文件名称；单击位置 4 处的“显示 Dmtco 文件模型”按钮，会在场景区中出现水晶模型，但是其摆放位置不正确，需要进行修改。

调出水晶法兰坐标轴，将水晶模型的底面中心归于世界坐标系原点，零件

图 4-29 Dmt 定义设置页

坐标设置如图 4-30 所示。水晶模型调整完成后，单击图 4-30 中位置 5 处的小箭头，可以在位置 6 处看到将水晶模型的底面中心归于世界坐标系原点后的坐标值；单击位置 7 处的“新建零件类”按钮，双击所弹出对话框的水晶选项，在位置 8 处输入位置 6 处所示的坐标值，输入完成后单击位置 9 处的“确定”按钮；关闭零件对话框，单击位置 10 处的“-...”按钮，将水晶的文件清除，再单击位置 11 处的“显示 Dmtco 文件模型”，清除场景区中的水晶模型。

5. 设置夹爪的动作（1）

为了可以显示正确的夹取物品的指令动作，首先需要给夹爪添加“Stack Point”。设置“Stack Point”示意图如图 4-31 所示，单击图中位置 1 处的“增加 Stack Point”按钮；单击场景区 3D 区域处的“面中心点”选项；单击位置 3 处夹爪的内侧，即在夹爪上添加了“Stack Point”，再单击位置 2 处的按钮，关闭面中心点的功能。

（注：当有多个零件使用一个“Stack Point”时，可能会相互之间有冲突，在本次介绍的激光雕刻中心模块中，一般设置三个“Stack Point”，并将其位置分别移动至同一点。这三个点分别用来对应水晶、底座和成品。）

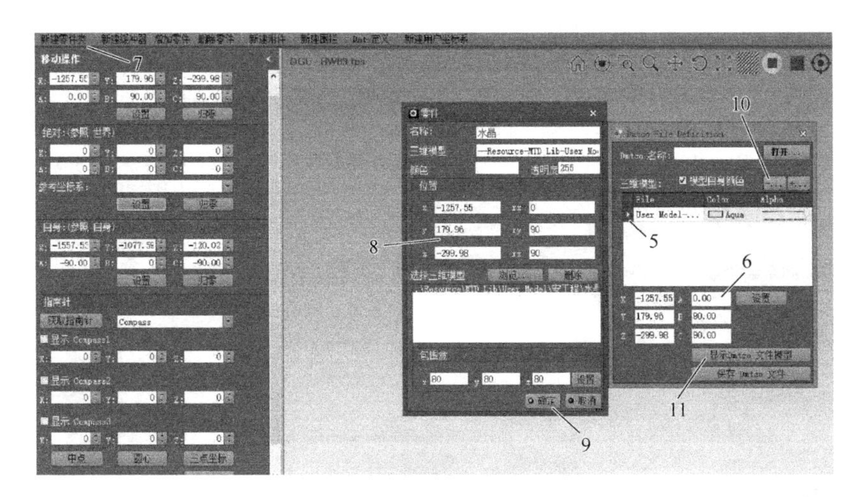

图4-30　零件坐标设置

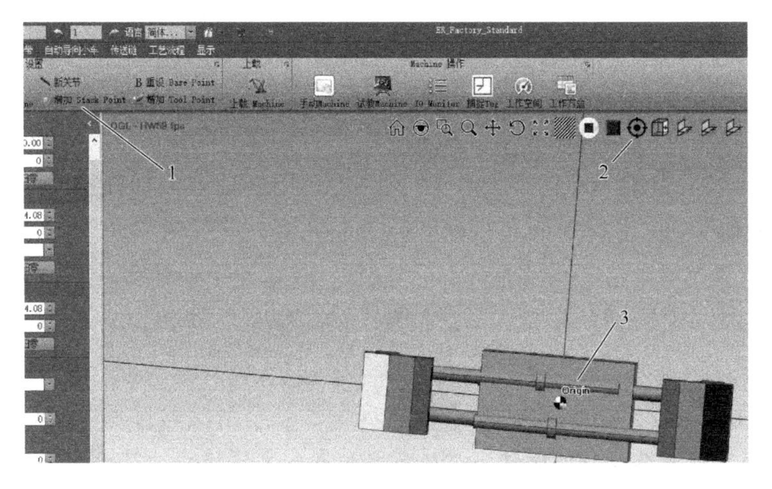

图4-31　设置"Stack Point"示意图

6. 设置夹爪的动作（2）

夹爪的动作分为夹取和放置两个动作。其中夹取动作又分为夹取水晶、夹取底座和夹取成品三种情况、放置动作同样分为放置水晶、放置底座和放置成品三种情况。添加夹爪新任务示意图如图4-32所示，首先选中夹爪，单击图中位置1处的"试教 Machine"按钮，弹出夹爪的"试教 Machine"对话框；单击位置2处的"当前任务"，选择"Create New Task"（创建新的任务）；弹出新任务的名称，在位置3处修改任务名称（注意任务的名称不能相同），修改完成后，单击“OK”按钮。

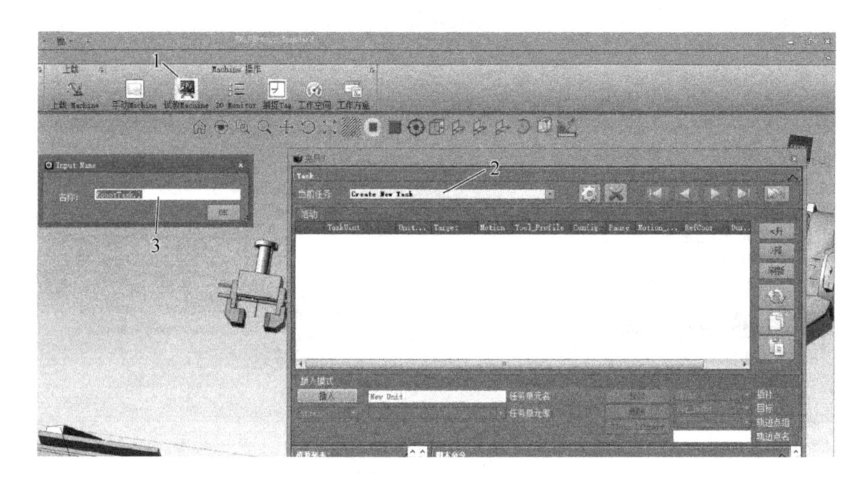

图 4-32　添加夹爪新任务示意图

7. 设置夹爪的动作（3）

夹爪的任务名称设置完成后，开始写入夹爪的任务，以夹爪夹取水晶和放置水晶为例。夹取水晶的动作分为两步，分别是夹爪滑杆的移动和夹取水晶。夹爪滑杆移动设置示意图如图 4-33 所示，在图中位置 1 任务单元库处选择“New A TaskUnit”；在位置 2 处修改任务单元名，各任务单元的名字不可重复；在位置 3 处单击“手动 Machine”按钮；在位置 4 处移动夹爪的滑杆，将滑杆移动到一个合适的位置，单击位置 5 的“插入”按钮，记录当前夹爪滑杆的位置。

（注：这里说的合适的位置是指夹爪在做这个动作的时候合适的点，例如，当夹爪做夹取动作的时候，滑杆就要向夹爪主体移动，以确保夹取零件时不会有空隙；当夹爪做放置动作的时候，滑杆就要远离夹爪主体移动，以保证松开零件的动作可以完成。）

夹爪的移动动作设置完成后，再设置夹爪夹取水晶的动作。夹取任务设置示意图如图 4-34 所示，在图中位置 1 任务单元库处选择“New A TaskUnit”，在位置 2 处更改任务单元名；在位置 3 处选中“水晶”；在位置 4 处“Stack-Point”选择“0”点，选中后的背景色加深；单击位置 5 处的“修改”按钮，会弹出位置 6 处的对话框，单击“确定”按钮；在位置 7 处选择“Pick part”（抓取零件）；单击位置 8 处的“增加命令”按钮，即可添加夹爪夹取水晶的动作。但是，要注意夹爪的动作是有先后之分的，需要对这两个动作进行排

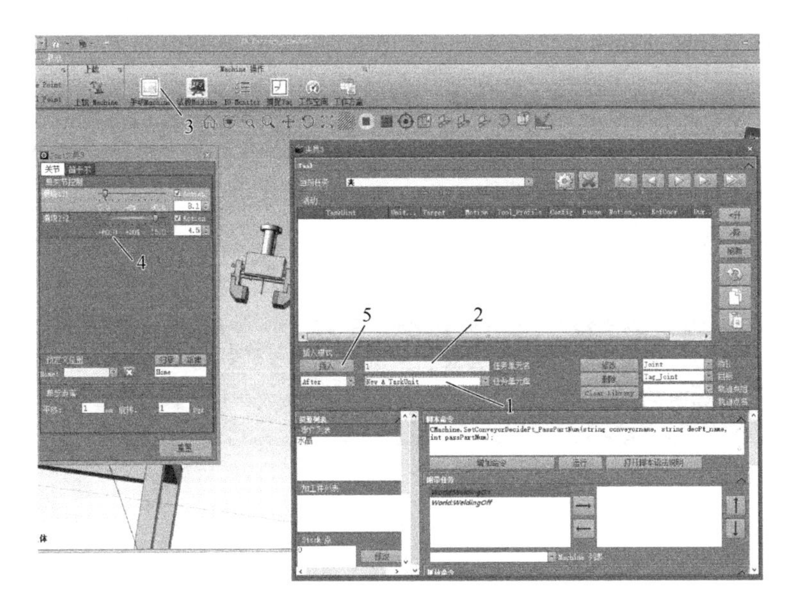

图 4-33　夹爪滑杆移动设置示意图

序，正确的顺序是夹爪的滑杆先移动，然后做出夹取水晶的动作；后设置的夹取水晶的动作在滑杆移动动作之前，需要选中夹取水晶的动作，单击图中位置 9 处的“降”按钮，将动作顺序进行调整。

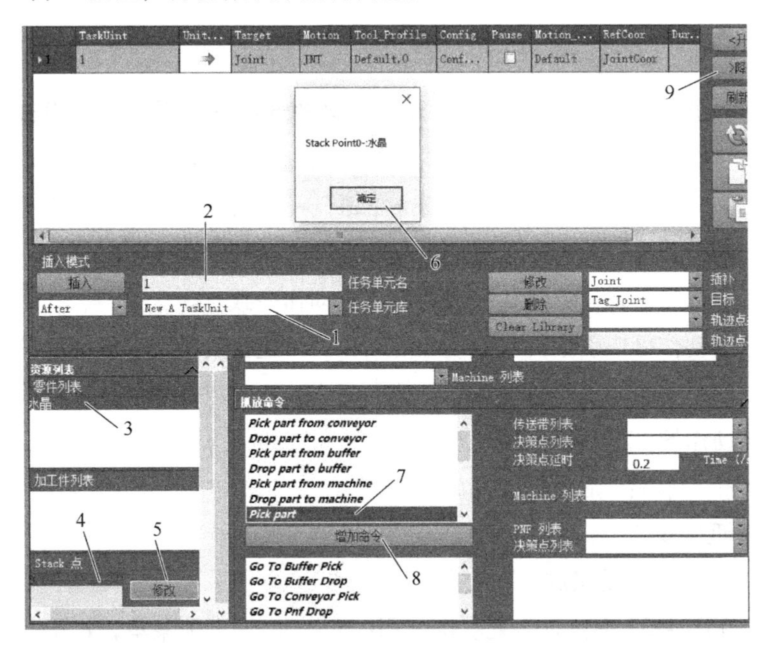

图 4-34　夹取任务设置示意图

夹爪的放置动作与夹爪的夹取动作设置方法一致。新建放置任务示意图如图 4-35 所示，在图中位置 1 处单击“当前任务”，创建新的任务工程，更改任务名称；在位置 2 处选择“New A TaskUnit”；在位置 3 处更改任务单元名，与夹取动作一样，移动夹爪滑动的位置，单击位置 4 的“插入”按钮，记录夹爪放开动作时夹爪的位置。

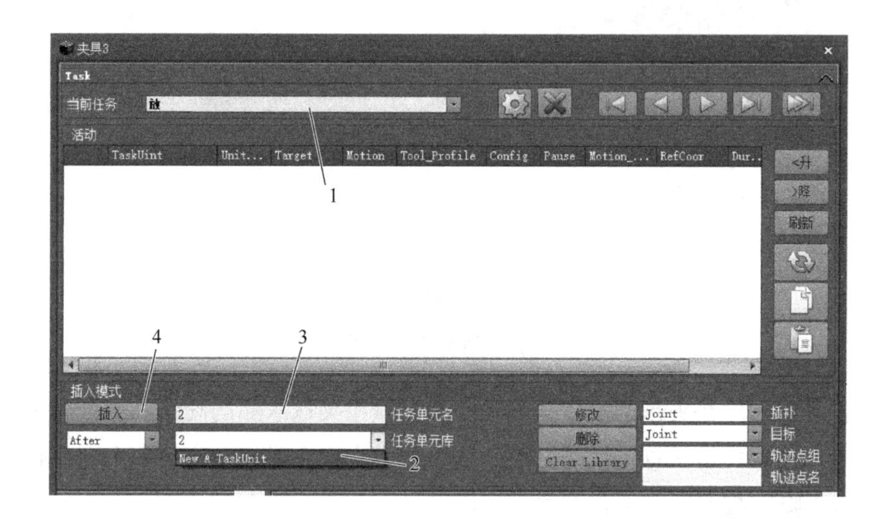

图 4-35　新建放置任务示意图

放置任务设置示意图如图 4-36 所示，创建新的任务单元库，更改新的任务单元名，在图中位置 1 处选中“水晶”，在位置 2 处选中“0”点，单击“修改”按钮；在位置 3 处选择“Drop part”（放置零件）；在位置 4 处单击“增加命令”按钮，添加完两个命令后，更改两个动作的顺序，夹爪先张开，滑杆再松开水晶，操作方法与修改夹取水晶动作一致。

夹爪的动作可以引申到其他模型的动作。传送带的动作有放上底座和取下底座；装配平台的动作有放上水晶、放上底座、加工成品和取走成品等重要动作。这些动作的设置都是使用“Pick part”和“Drop part”这两个指令和选择不同的零件（水晶、底座和成品）实现的。

8. 夹爪的安装

夹爪的动作设置完成后，要将夹爪安装到机械手上。首先返回“资源”设置页，在图 4-37 中位置 1 处右击“ER_20”，出现选项菜单，再于位置 2 处选择“增加机器人法兰坐标系”选项；这样机械手的法兰坐标系添加完成。

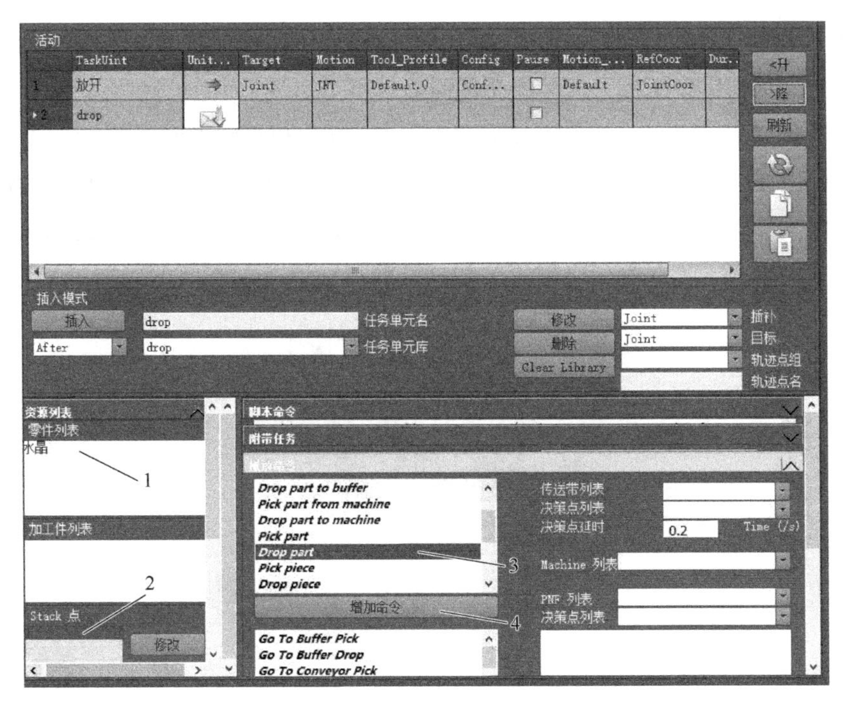

图 4-36　放置任务设置示意图

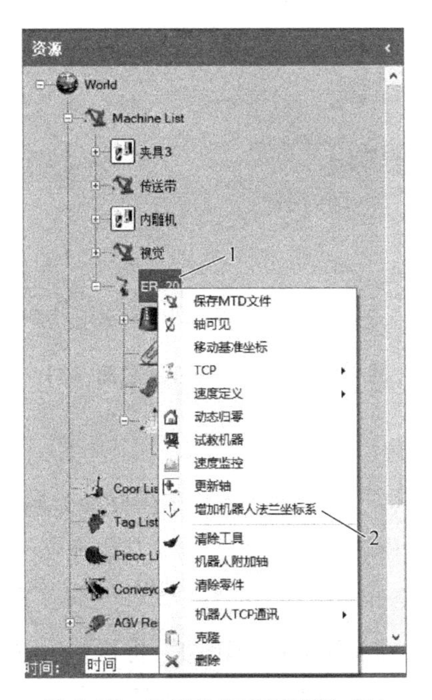

图 4-37　夹爪的安装示意图（1）

检查夹爪的法兰辅助坐标系是否是Z轴（蓝色的轴）指向夹爪本体，只有Z轴指向夹爪本体，机械手安装夹爪的时候才不会出现方向上的错误。

展开“ER_20”的菜单栏（见图4-38），如果机器人的法兰坐标系添加成功，可以在“ER_20”的菜单栏的位置2处看到“ER_20：Stack：0”（ER_20型号机械手的法兰坐标系0）；选中位置3处的“夹具3”，拖动其到位置2“ER_20：Stack：0”处，会弹出“成功上载机械手”的对话框。

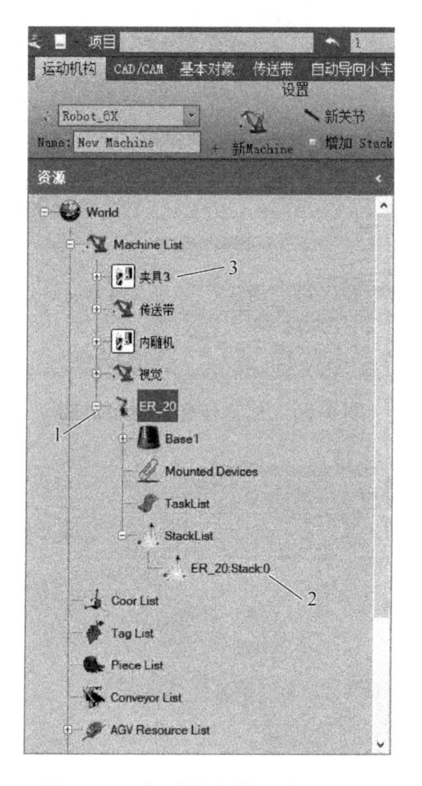

图4-38　夹爪的安装示意图（2）

9. 机械手的动作设置

机械手的动作设置和夹爪的滑杆移动操作方法一致。机械手的动作设置示意图如图4-39所示，选中机械手，单击图中位置1处“试教Machine”按钮，创建新任务，选择新任务单元库，更改任务单元名；在位置2处单击“手动Machine”按钮，通过机械手各个轴的转动，将机械手移动到相应的预设位置，并单击“插入”按钮，记录机械手的位置情况。

需要注意，如果将机械手从A点移动到B点，若只记录A点机械手的位

置和 B 点机械手的位置，固然机械手可以从 A 点到达 B 点，软件默认从 A 点移动到 B 点走两者之间的最短距离，但最短距离可能会有其他模型出现，所以必须在 A、B 两点之间设置多个辅助点，让机械手从 A 点到 C 点到 D 点到 E 点再到 B 点这样的方式，确保机械手不会碰触到其他模型而进行移动，也保证了实体操作的安全。将机械手整个流程的点设置完成后，在相对应的需要夹爪操作的点，可以通过图 4-39 中位置 3 处的“附带任务”来实现，例如在流程一开始，机械手从 AGV 小车上抓取水晶的动作，在图中位置 4 处选择之前设置的夹爪夹水晶的动作，单击位置 5 处的“→”按钮将夹取动作指令移动到右边的方框中，则在机械手移动 AGV 小车位置的时候，夹爪会自动执行夹取水晶的动作，在其他的位置也是如此。当机器需要添加两个或两个以上的附带任务时，例如在夹爪夹取底座放入传动带的时候，需要添加夹爪放开底座的动作和传动带获得底座的动作等，可按上述进行设置。单击位置 6 处的按钮，可以按步执行，用以检查机械的动作是否有错误的执行。

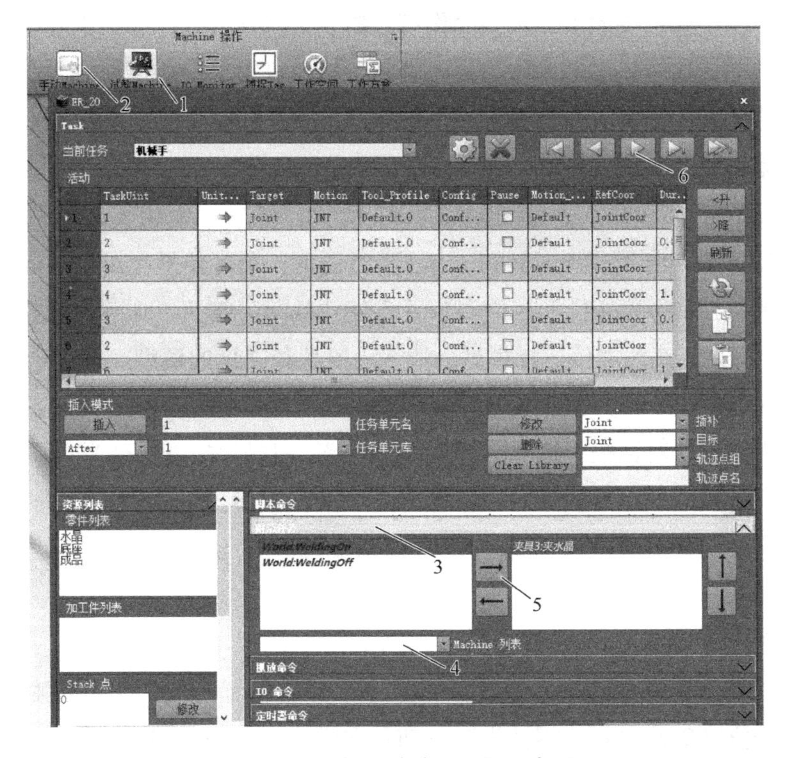

图 4-39　机械手的动作设置示意图

4.3 数控加工中心搭建

数控加工中心模块由数控加工机床、传送带、机械手和清洗机 4 个部分组成。根据生产线流程，整个数控加工中心的工艺流程为：

1）将水晶底座放置在传送带的托盘上，经传送带传送至相应的位置。

2）机械手抓取底座，放入数控加工机床中进行加工。

3）加工完成以后，机器人从数控加工机床中取出底座，放入清洗机的清洗槽内清洗后，再放入烘干槽内进行烘干。

4）将底座放至传送带的托盘上，经传送带运送至起始位置。

在搭建整个模块的过程中，必须有明确的思路和逻辑顺序。

本节主要介绍数控加工中心模块搭建的整个过程以及如何设置对应的运行动作，包括模型的导入与调整、添加新零件、设置夹爪抓取底座动作和添加整体动作 4 个步骤。按照上述步骤操作可以搭建出完整的数控加工中心模块，并能较好地完成这一模块的动作仿真，真正了解数控加工中心模块在生产线中是如何工作的。

1. 模型的导入与调整

模型的导入与调整示意图如图 4-40 所示，单击图中位置 1 处的“上载 Mchine”按钮，出现“Machine Explore”对话框；单击位置 2 处“Motion”选项，选择数控加工机床模型；单击位置 3 处“Load”按钮，加载所选模型。按上述步骤分别继续添加传送带模型、清洗机模型和夹爪的模型。再单击图 4-40 中位置 4 处的“Efort”选项，选择型号为“ER-20”的机器人，并加载，在弹出的埃夫特平台对话框中选择“Googole（谷歌-机械手适配厂商）”选项。

当所有模型加载完成以后，需要将各个模型按适当的逻辑顺序进行摆放，将所有模型调整至同一水平面，并使相互之间空出适当的距离。模型摆放整体位置图如图 4-41 所示。

2. 添加新零件

（1）建立新零件模型　如图 4-42 所示，单击位置 1 处的“基本对象”选项；单击位置 2 处“新建零件类”按钮；在弹出的“Select Part Class”对话框中位置 3 处，双击“NEW”即可建立新的零件类模型。

（2）添加“水晶”零件　如图 4-43 所示，在图中位置 1 处将零件的名称

图 4-40　模型的导入与调整示意图

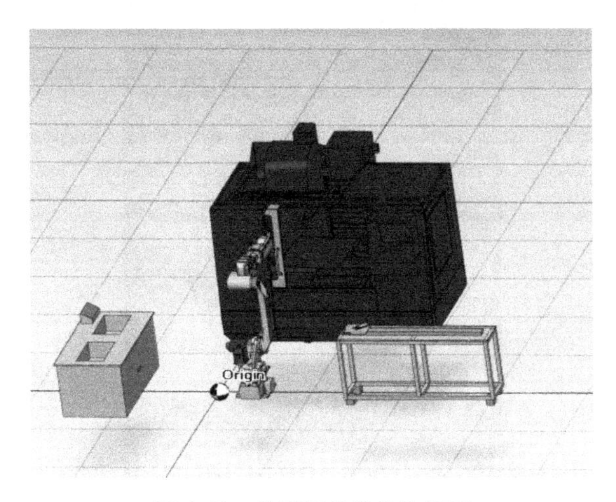

图 4-41　模型摆放整体位置图

更改为“水晶”；在位置 2 处单击“浏览…”按钮，在对应的文件夹里搜索并添加“水晶底座 . step”文件；在位置 3 处可以看到添加的水晶的文件，双击该文件，可以看到位置 4 处的三维模型，原本是空白，在双击完文件之后，会出现水晶底座的文件名，单击“确定”按钮，水晶底座零件文件即可添加成功。

（3）零件的 Dmt 定义　如图 4-44 所示，单击图中位置 1 处的“Dmt 定义”按钮，出现“Dmtco File Definition”对话框；在位置 2 处单击“ + . . . ”按钮，在“安工程”的文件夹里选择水晶底座的文件；在位置 3 处会出现水晶的文件名称；单击位置 4 处的“显示 Dmtco 文件模型”按钮，可以看到场

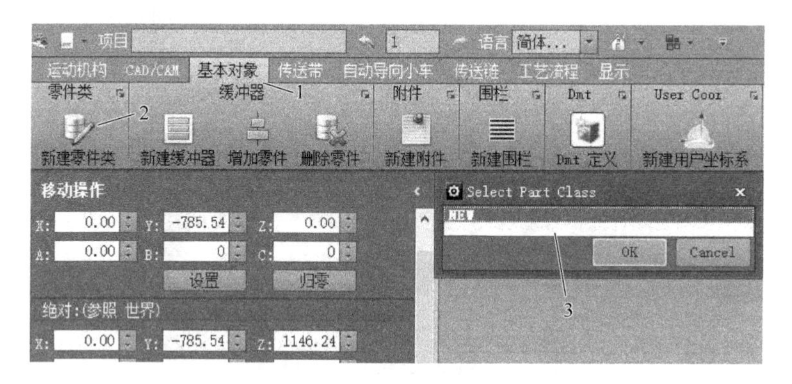

图 4-42 建立新零件模型示意图

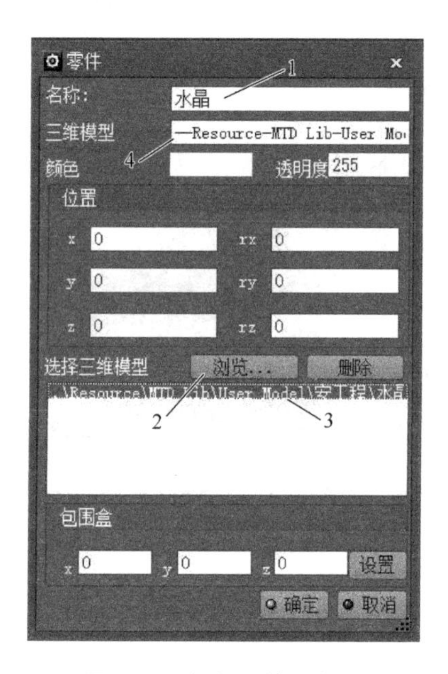

图 4-43 添加零件示意图

景区中出现水晶底座模型，但是其位置尚不正确，需要修改。

调出法兰坐标系，将水晶底座模型底面中心归于坐标轴原点，零件坐标设置示意图如图 4-45 所示，水晶底座模型调整完成后，单击图中位置 5 处的小箭头，可以看到在位置 6 处出现了水晶底座模型底面中心归于原点后的坐标；单击位置 7 处的“新建零件类”，双击弹出对话框的水晶选项，在位置 8 处输入位置 6 所示的坐标值，输入完成后单击位置 9 处的“确定”按钮；关闭零件的对话框后，单击位置 10 的“ - . . . ”按钮，将水晶底座的文件清除，再单击“显示 Dmtco 文件模型”，清除操作空间中的水晶底座模型。

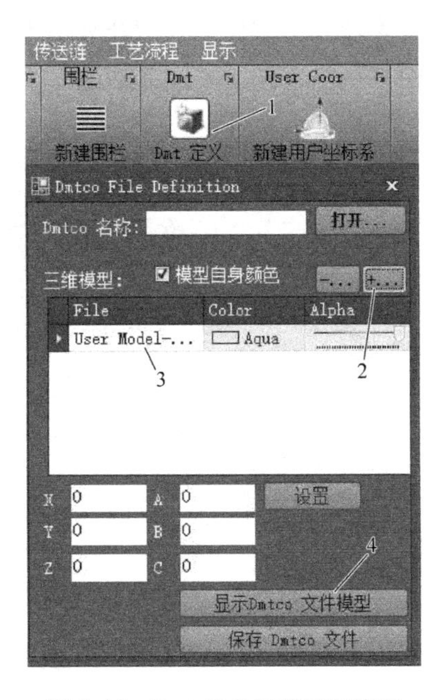

图 4-44　Dmt 定义设置页示意图

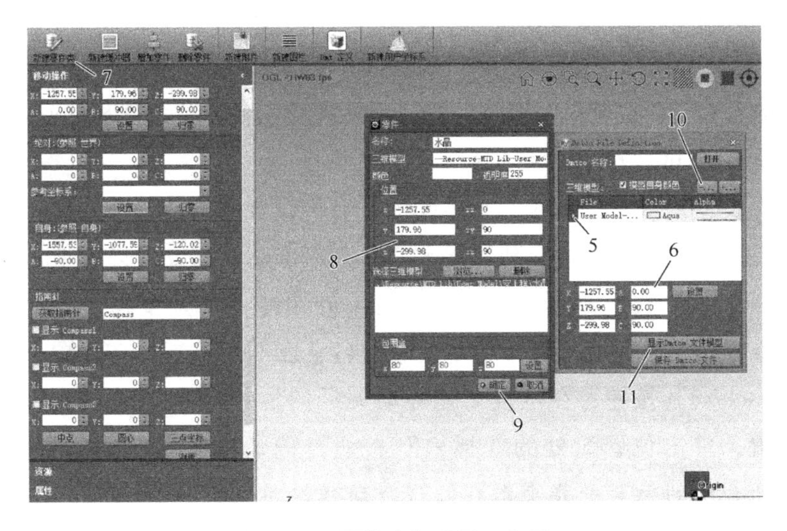

图 4-45　零件坐标设置示意图

3. 设置夹爪抓取水晶底座动作

（1）添加“Stack Point”添加“Stack Point”示意图如图 4-46 所示，在图

中位置 1 处单击“增加 Stack Point”按钮；单击位置 2 场景区 3D 区域的“面中心点”按钮；单击位置 3 处夹爪的内面，即在夹爪上添加了“Stack Point”，再单击位置 2 处的“面中心点”按钮，关闭其功能。

图 4-46　添加“Stack Point”示意图

（2）设置夹爪任务　设置夹爪任务设置示意图如图 4-47 所示，首先选中夹爪，单击图中位置 1 处的“试教 Machine”按钮，弹出夹爪的“试教 Machine”对话框；单击位置 2 处的“当前任务”，选择“Creat New Task”，弹出新任务的名称，在位置 3 处修改任务名称（注意任务名称不能相同），修改完成后，单击“OK”按钮。

（3）设置夹爪夹取动作　夹爪的任务名称设置完成后，开始写入夹爪的任务，主要有夹取水晶底座和放置水晶底座两个动作任务。设置夹爪的滑杆动作示意图如图 4-48 所示，在图中位置 1 处选择“New A TaskUnit”；在位置 2 处修改任务单元名，各任务单元名的名字也不能重复；在位置 3 处单击“手动 Machine”按钮；在位置 4 处移动夹爪的滑杆，将滑杆移动到一个合适的位置，单击位置 5 处的“插入”按钮，记录当前滑杆的位置。（注：这里说的合适的位置是指夹爪在做这个动作的时候最适合的点，比如当夹爪做夹取动作的时候，滑杆就要向夹爪主体移动，确保夹取零件时不会有空隙等。）

夹爪的滑杆动作设置完成后，设置夹爪夹取水晶底座的动作。如图 4-49 所示，在图中位置 1 处选择“New A TaskUnit”；在位置 2 处更改任务单元名；

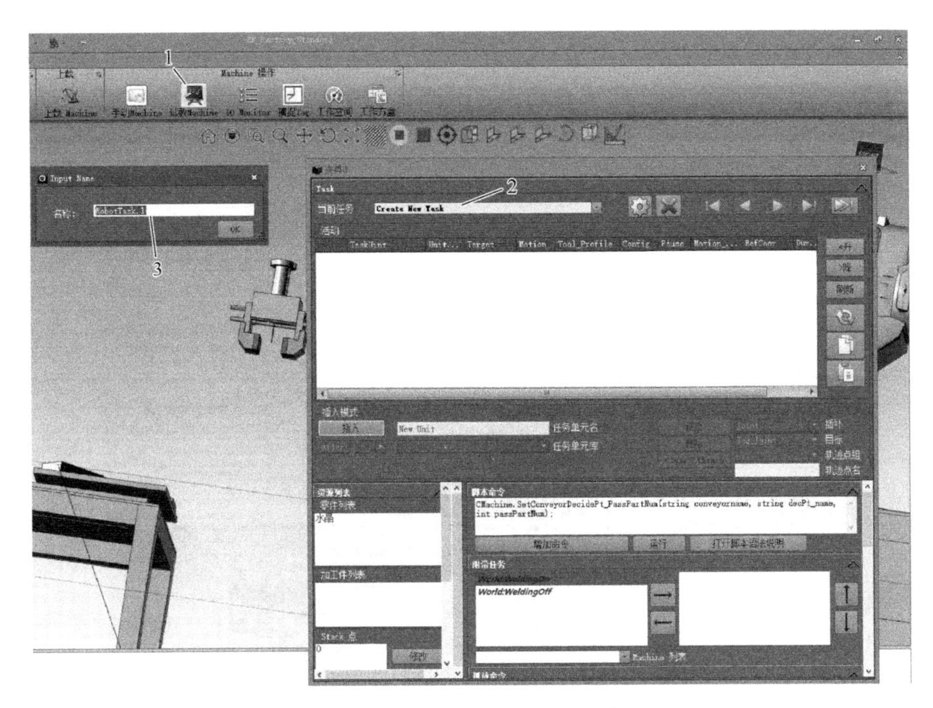

图 4-47　设置夹爪任务设置示意图

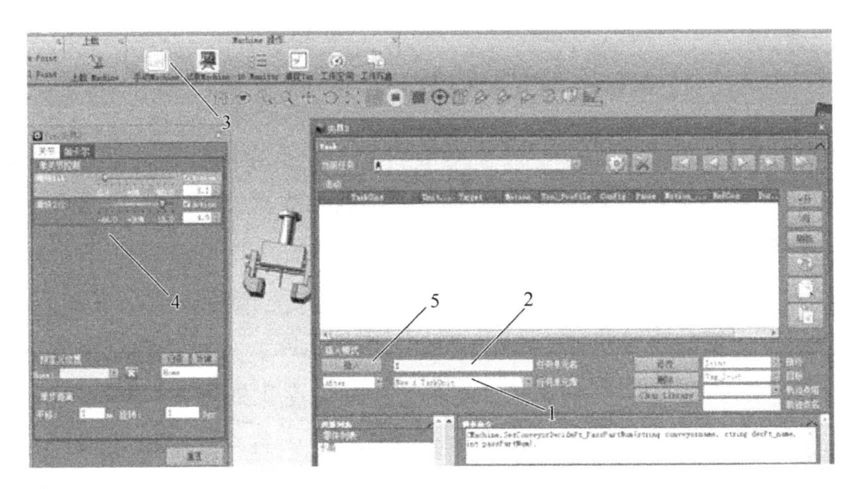

图 4-48　设置夹爪的滑杆动作示意图

在位置 3 处选中水晶底座；在位置 4 处的“Stack 点”选择“0”点，选中之后的背景色加深；单击位置 5 处的“修改”按钮，会弹出位置 6 处的对话框，单击“确定”按钮；在位置 7 处选择“Pick part”；单击位置 8 处的“增加命令”按钮。由于整个夹爪的动作是滑杆先移动，然后再做出夹取水晶底座的动作，因此后来设置的夹取水晶底座的动作需要调整至滑杆移动动作之前，其步骤为：选中夹取水晶底座的动作，单击图 4-49 中位置 9 处的“降”按钮，即可调整动作顺序。

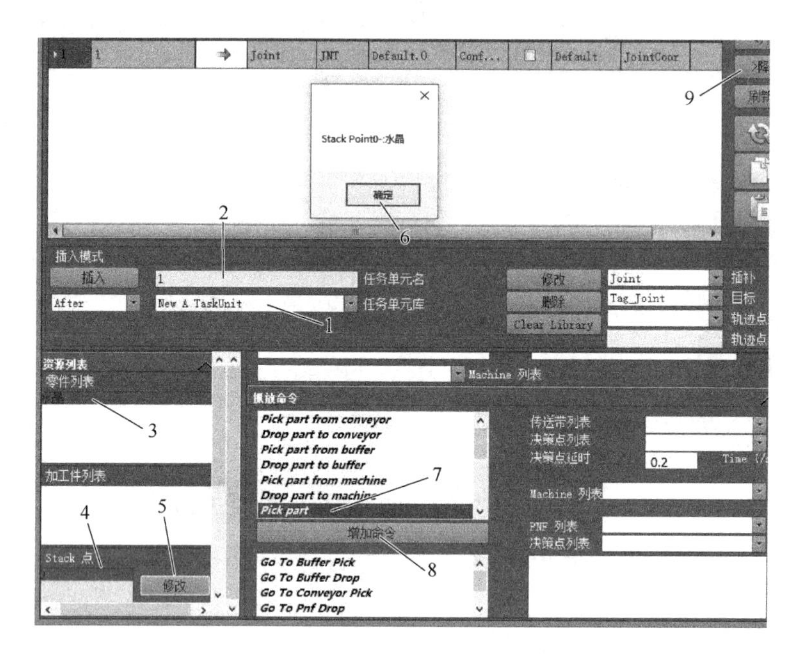

图 4-49　设置夹爪夹取水晶底座动作示意图

（4）设置夹爪放置动作　设置夹爪放置动作示意图如图 4-50 所示。设置夹爪的放置动作与设置夹取动作的步骤一致，先单击“当前任务”，再创建新的任务工程，并修改任务名称，再选择“New A TaskUnit”，并更改任务单元名，然后移动夹爪滑动的位置，单击“插入”按钮，记录夹爪完成放置动作时的夹爪的位置。然后创建新的任务单元库，更改新的任务单元名，在图 4-50 中位置 1 处选中“水晶底座”，在位置 2 处选中“0”点，单击“修改”按钮；在位置 3 处选择“Drop part”；在位置 4 处单击“增加命令”按钮，添加完两个命令后，更改两个动作的顺序，夹爪先张开滑杆，再松开水晶底座。

4. 添加整体动作

整个数控机床加工的工艺流程是：水晶底座放在传送带的托盘上，经传送带传送至相应的位置，机器人抓取底座，并放入数控加工机床中进行加工，等待加工完成以后，机器人取出底座，先放入清洗机的清洗槽内清洗，

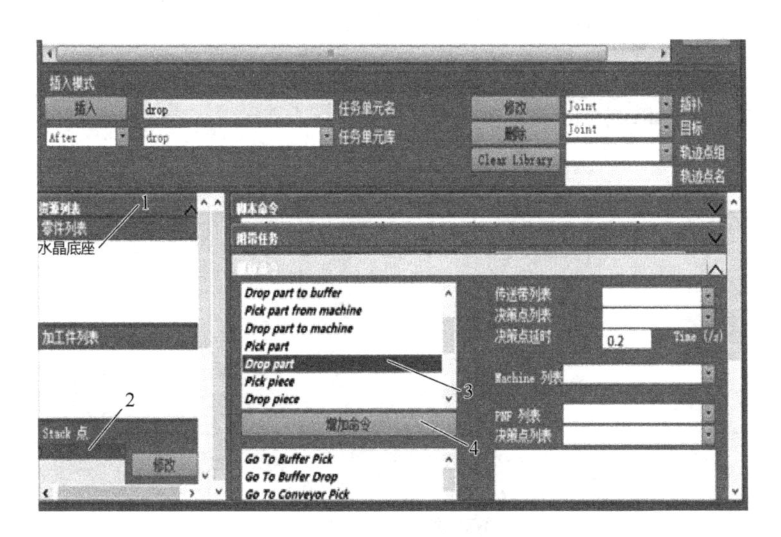

图 4-50　设置夹爪放置动作示意图

再放入烘干槽内进行烘干，最后再将底座放至托盘上，经传送带运送至起始位置。

（1）机械手动作的设置　如图 4-51 所示，选中机械手，在图中位置 1 处单击“试教 Machine”按钮，创建新任务，选择新任务单元库，更改任务单元名为“机械手”；在位置 2 处单击“手动 Machine”按钮，通过手动调节机械手各个轴之间的转动，当调至合适的位置时单击“插入”按钮，记录机械手的位置情况。（注：为了确保机械手移动时不会碰触到其他模型，需要设置多个辅助点。）将机械手整个流程的点设置完成后，在相对应的需要夹爪操作的点，可以通过位置 3 处的“附带任务”来实现，例如，机械手从托盘上抓取水晶底座的动作，在位置 4 处选择之前设置的夹爪夹水晶底座的动作，并单击位置 5 处的 → 按钮将夹取动作指令移动到右边的方框中，便可完成该移动操作。

（2）整个模块动作的设置　首先将整个模块的动作的任务单元名改为“work”，再设置其他位置的动作，可参照上述步骤进行设置，整个模块动作的设置示意图如图 4-52 所示。当需要添加多个附带任务时，操作步骤与机械手动作的设置相同。当整个流程设置完毕时，单击图 4-51 中位置 5 处的选项，逐次执行每一步的动作指令，检查机械的动作是否有错误的执行。

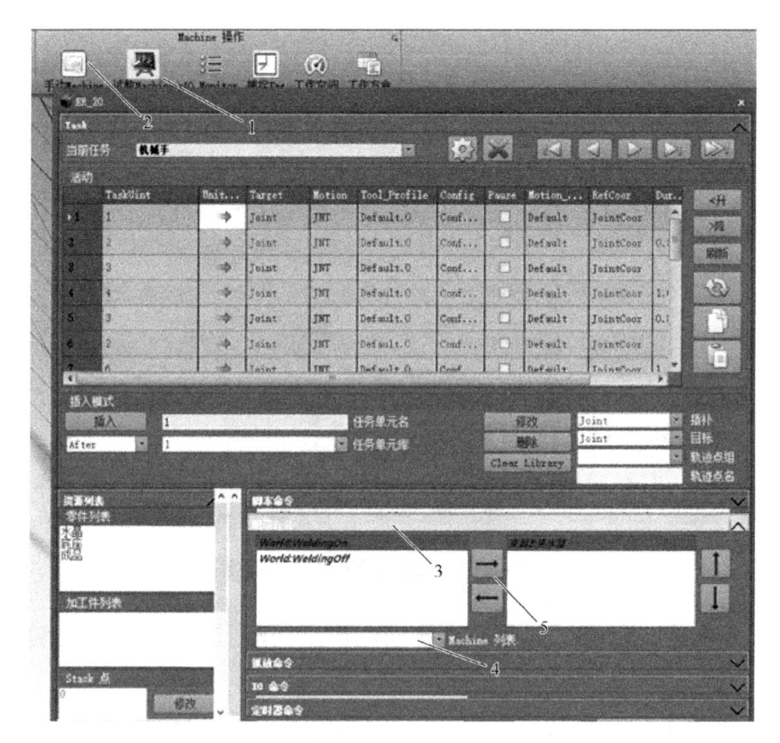

图 4-51　机械手动作的设置示意图

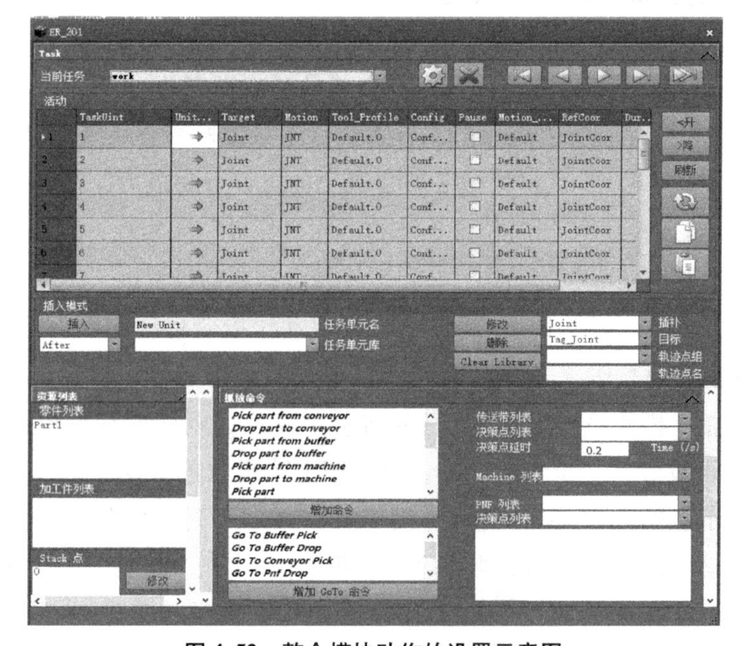

图 4-52　整个模块动作的设置示意图

4.4　智能生产线仿真搭建

整体系统的仿真是检验系统结构完整与逻辑正确的最佳途径，本节目的在于将第 3 章所述的各部件进行组装，以构建一个完整的工作系统。综合第 4 章前三节各部件的运行流程，可以知道本系统的主要工作是：堆垛机从智能仓库货架中分别选取、运送水晶与水晶底座，再由分拣手将其抓取、放置到 AGV 小车上，AGV 小车将水晶与水晶底座运送至机械手 ER_20 处，机械手 ER_20 再分别将水晶和水晶底座夹取、放置到激光内雕机和传送带上，由激光内雕机对水晶进行雕刻，传送带将水晶底座运送至另一端，由机械手 ER_20_1 夹取、放置到数控加工机床中进行加工，再将加工完成的水晶底座夹取、放置到清洗机中清洗，清洗完成后，机械手 ER_20_1 再将水晶底座放置传送带上返回。机械手 ER_20 分别将加工完成的水晶与水晶底座夹取、放置到装配平台合成成品，成品再由装配平台检验，检验通过后的成品由机械手 ER_20 夹取、放置到 AGV 小车的托盘中，AGV 小车将成品送回仓库。

1. 整体系统的构建

第 3 章已详细介绍了立体仓库、分拣手、激光内雕机、机械手、数控加工机床、传送带及其他所需零部件的建模及动作构建，在此基础上，使用搭建完成的零部件可以搭建出一个完整的智能生产线系统，具体调用方式如下。

如图 4-53 所示，单击文件“file”下的“打开”按钮，出现“VR_Explore”（VR 文件搜索）窗口，即可调用已构建好的模块，VR_Explore 窗口示意图如图 4-54 所示，调用文件名为“654321. vr”的智能物流平台文件。

除了智能物流平台文件，还需要调取其余零部件。不同于调取智能物流平台文件，单击“file”下的“导出 VR 文件”，选择弹出的“VR_Explore”窗口，导出其余所需的数控机床模块、激光雕刻中心模块的 VR 文件。

原料与成品通过 AGV 小车有效地在仓库与激光内雕机之间往返运送，系统中上载一辆 AGV 小车，如图 4-55 所示。在图中位置 1 处“运动机构”界面中单击位置 2 处“上载 Machine”按钮；在“Machine Explore”（机器搜索）窗口的位置 3 处选择“Motion”类型，在位置 4 处选取“AGV. mtd”文件，单击位置 5 处的“Load”按钮，即可完成 AGV 小车文件的调取。调取成功后场景区上会出现位置 6 处所示的 AGV 小车模型。

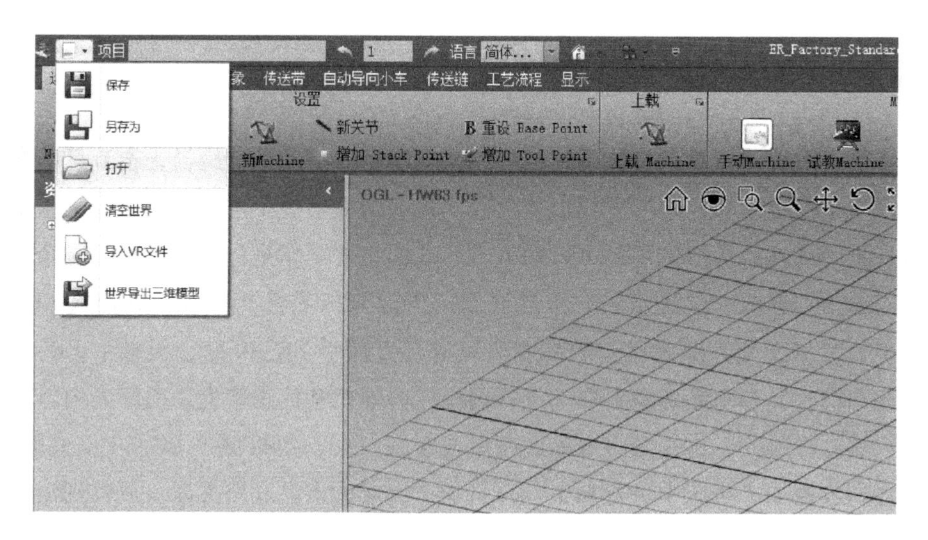

图 4-53　打开 VR 文件示意图

图 4-54　VR_Explore 窗口

需要注意，AGV 小车上载完成之后，可能不会出现在合适的位置，这时需要在前三个模块的搭建完成后，再对 AGV 小车的位置进行确定。

2. 调整各模块位置

调出所有所需 VR 文件后将各模块按整体布局结构图（见图 4-56）摆放

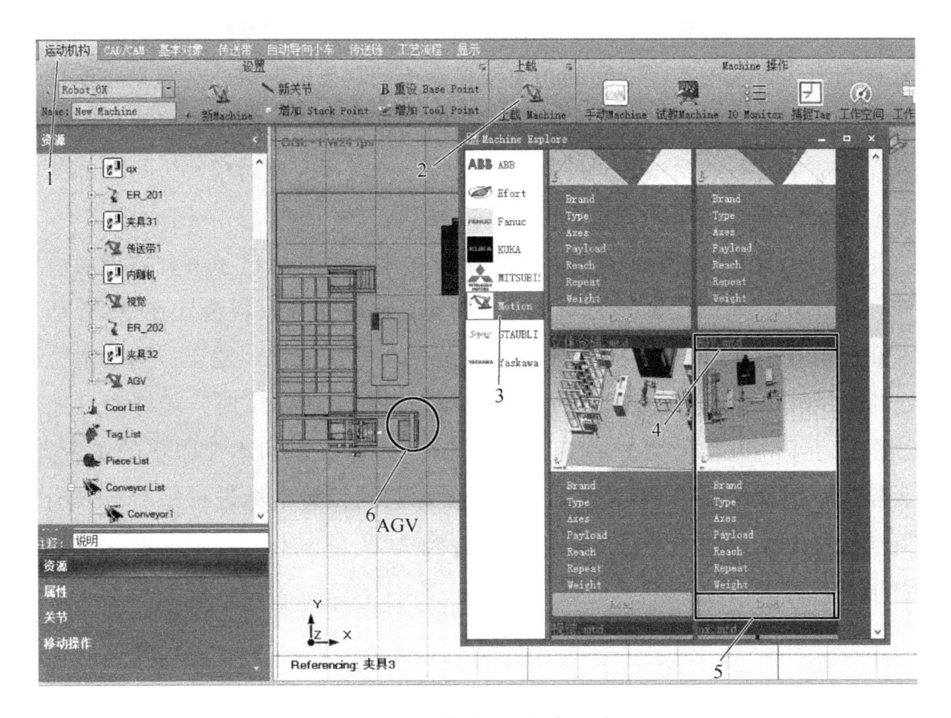

图 4-55　上载 AGV 小车示意图

整齐，摆放过程中应注意模块之间的距离，避免过渡紧凑造成机械手在运动过程中伸缩受限。

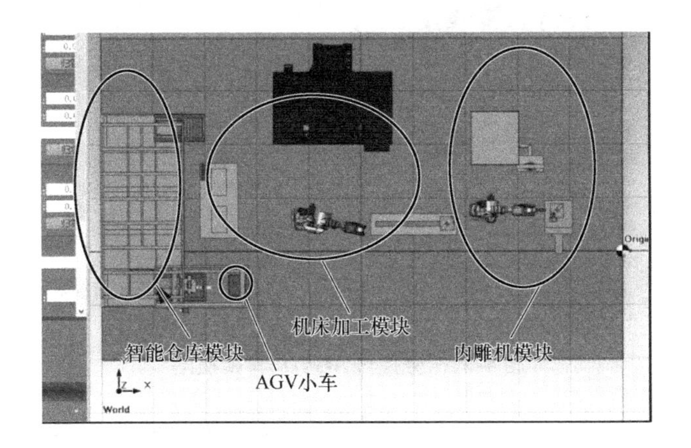

图 4-56　整体布局结构图

3. 各模块之间的衔接

在第 4 章前三节中已经完成了智能物流平台模块、数控加工中心模块以及数控加工中心模块的构建，并且在各模型位置搭建完成的基础上进行了各模块动作的设置，模块内模型之间的相关动作是相互联系且连贯的。但是在整体系统构建的过程中需要对各模型的位置进行调整，如通过旋转或是平移消除整体系统搭建完成之后各模型之间的联系不紧凑，同时还需要对模块进行内部的精确调整以保证模块之间的衔接无误。

通过本书第 4. 1 节智能仓储模块的搭建的实验，读者已了解分拣手从位置 5（见图 4-57）处“Conveyor1（传送带 1）”末端夹取原料放置在 AGV 小车上，但是在图 4-57 中，分拣手与 AGV 小车的位置摆放出现错误，当单击位置 2 处的“试教 Machine”按钮，对分拣手动作进行逐步调试时，能够明显地看到当分拣手要将原料放置在 AGV 小车上时，AGV 小车却不在原料的正下方。这种情况下需要对 AGV 小车或分拣手放置原料的位置坐标进行修改，以确保实际生产中不会出现原料在从分拣手放置到 AGV 小车上的过程中掉落，阻碍生产顺利进行的情况。

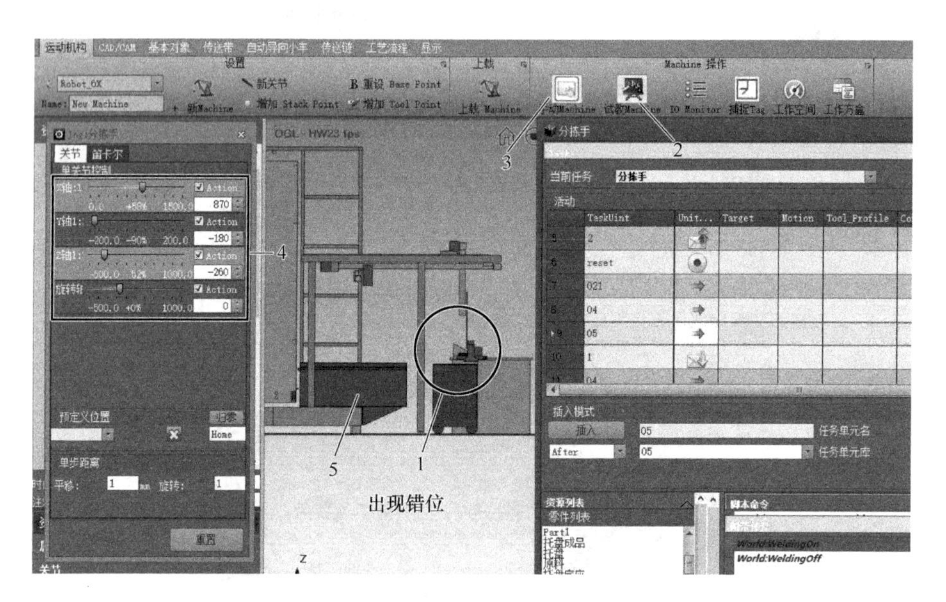

图 4-57 分拣与 AGV 小车衔接图

纠正上述位置摆放错误时，本节选择调整分拣手放置原料的位置，通过“手动 Machine”对分拣手动作进行逐条调试，锁定在图 4-58 中位置 2 处分拣手的放料位置。由于人工调试，分拣手放置位置，可能会产生偏差，需要再次调整其位置。在本文中，放置位置的指令为任务中的第 9 条，调整第 9 条任务指令，调整放置零件的位置。

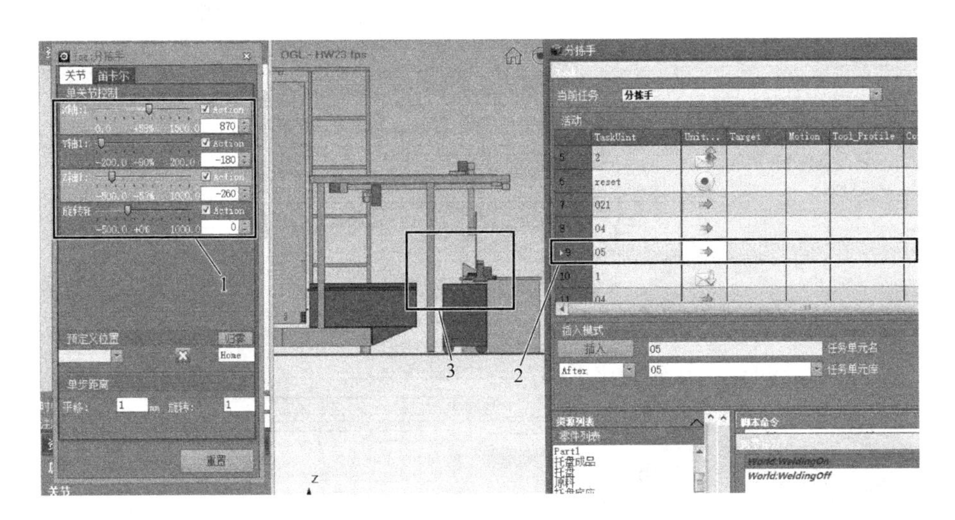

图 4-58　分拣手下放位置调整示意图（1）

修改任务的操作同本章前三节中设定位置一样，通过单击图 4-58 中位置 3 处的“手动 Machine”按钮，打开“Jog 分拣手”窗口（分拣手的“手动 Machine”窗口），调整其中的“单关节控制”参数对分拣手下方原料的位置进行修改，在调整过程中调节不同的视角进行准确的定位，以保证位置不在其他方向上出现偏差。

经过对分拣手下方原料动作位置的调整，图 4-59 中位置 1 处的 AGV 小车与分拣手的相对位置已符合要求。此时对第 9 条的任务指令进行修改，具体修改流程为：在分拣手“零件列表”中选中图 4-59 中位置 2 处的“原料”，在“Stack 点”下选中位置 3 处所示的“0”，位置 4 处的“附带任务”无须修改，最后单击位置 6 处的修改即可。

同样的位于各模块连接点位置的机械还有 AGV 小车。AGV 小车位置调整示意图（1）如图 4-60 所示，当 AGV 小车运送物料至机械手附近时，由于之前未曾估计机械手的伸缩范围，当 AGV 小车停靠位置超过范围时，机械手无法抓取原料，如图中位置 1 处，机械手臂已伸至最大限位仍未能抓取位置 2 处 AGV 小车上原料。对于这种情况需要对机械手与小车之间的相对位置进行调整。

AGV 小车位置调整示意图（2）如图 4-61 所示，在“资源”列表下选中图中位置 1 处的“AGV”分支，单击“试教 Machine”按钮，出现 AGV 的

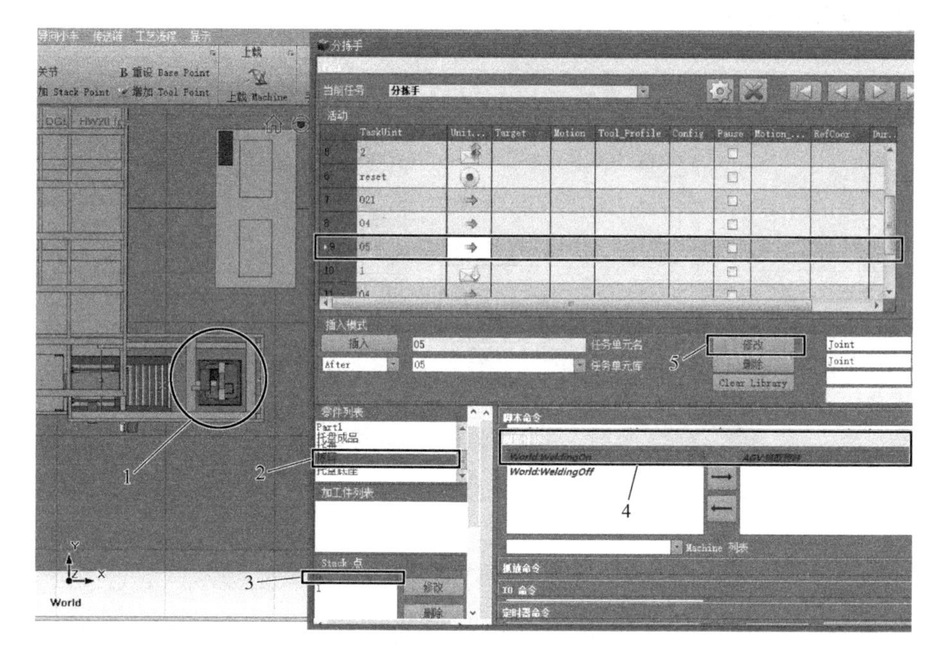

图 4-59 分拣手下放位置调整示意图（2）

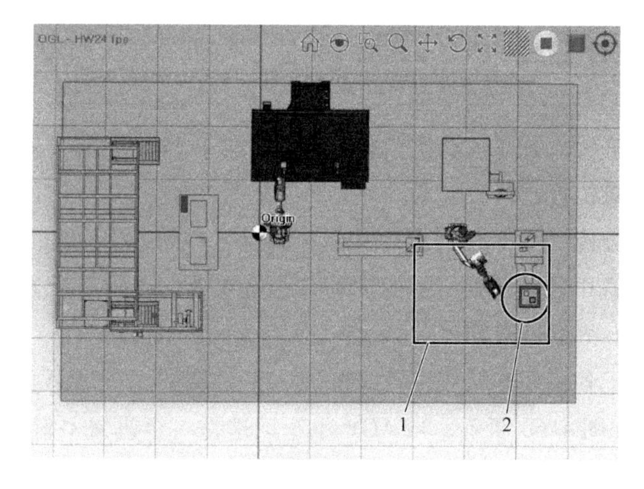

图 4-60 AGV 位置调整示意图（1）

“Task”窗口，在图中位置 2 处“当前任务”下拉菜单中选择“机器人搬运1”，单击位置 3“活动”中的“1”，此活动为小车运送原料至机械手附近的动作。此时单击“手动 Machine”按钮，弹出“Jog：AGV”（AGV 小车的“手动 Machine”窗口）的窗口，滑动“单关节控制”游标确定出 AGV 的合适位置，如位置 4 处所示。再修改位置 3 处的“活动 1”，在“资源列表”下选中“原料”，在“Stack 点”下选中“0”，滑动滚轮单击“移动”，再单击位置 5 处的“修改”按钮，然后单击 6 处的“修改”按钮，弹出确认窗口，最后单击位置 7 处“YES”即可。

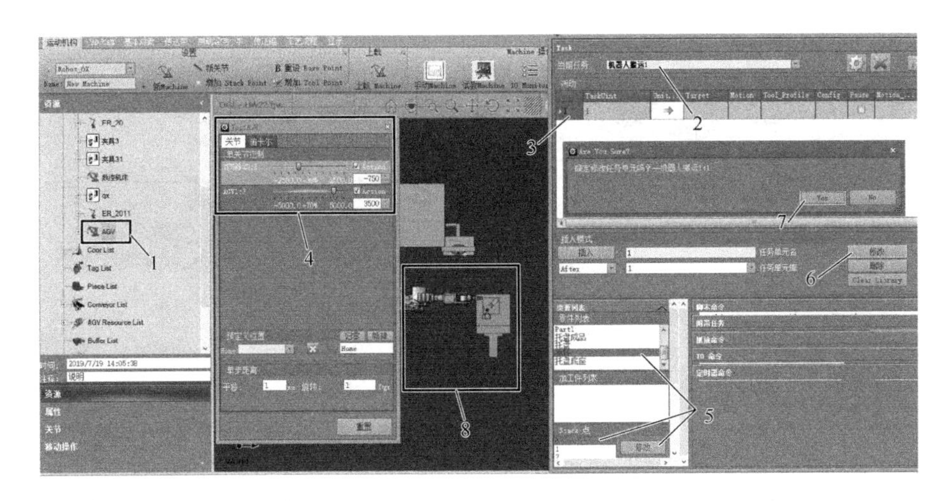

图 4-61　AGV 位置调整示意图（2）

4. 整体系统的仿真

整体系统的构建完成之后便可进行仿真测试，前面的位置和逻辑调整之后的整体系统布局图如图 4-62 所示。

图 4-62　整体系统布局图

增加任务集示意图（1），如图 4-63 所示，在功能区中单击位置 1 处的“工艺流程”，再单击“工艺流”，出现“VR_Process_Flow”（VR 流程）窗口，单击位置 3 处“增加任务集”出现“HeadFrm（头文件）”窗口，更改命名后单击“确认”按钮，完成增加一个任务集。

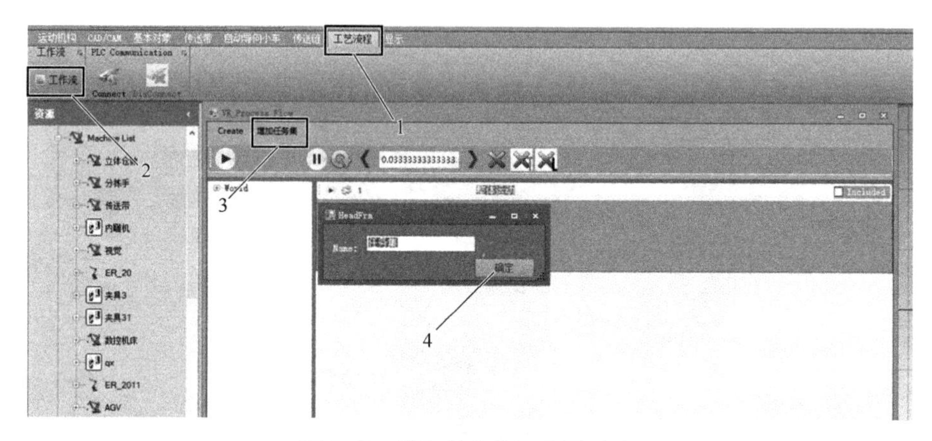

图 4-63　增加任务集示意图（1）

增加任务集示意图（2）如图 4-64 所示，1 位置处为任务对象，将其下挂

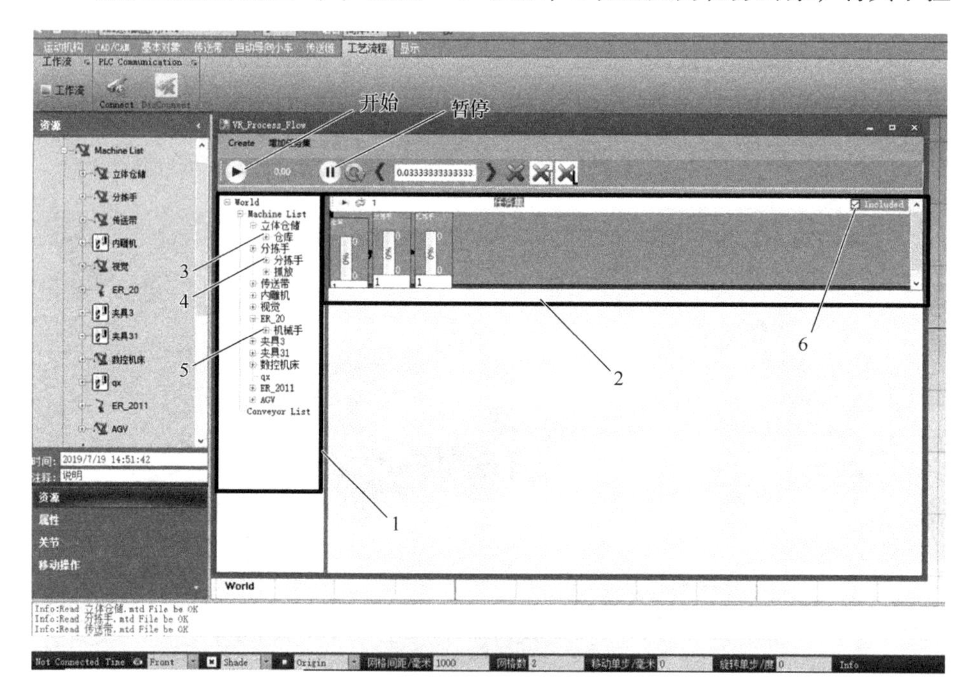

图 4-64　增加任务集示意图（2）

着的 Task 任务位置 3 处的“仓库”、位置 4 处的“分拣手”和位置 5 处的“机械手”拖进位置 2 处，注意一个任务集里至少需要两个任务才可以进行联动仿真，当只有一个任务时，可创建一个空任务，再拖进任务集中。以上所指三个任务均拖进位置 2 中后双击位置 2 的灰色空白处，“任务集”框会出现“蓝色”边线，表示当前任务集框为“可编辑状态”。在“可编辑状态”下，按顺序依次单击选中任务单元，任务单元之间会出现一条黑色的箭头连线，表示此两个任务之间已建立起联动连接。图中位置 2 编辑框中已搭建好了联动仿真环境，勾选位置 6 处“Included（包含）”前端的小方框，再单击“开始”按钮即可开始仿真。针对“Task”拖选错误的情况可以在位置 2 处于“可编辑状态”下，单击删除任务集中的拖进来的任务单元，单击删除任务单元之间的连线，单击删除当前任务集。

系统仿真图如图 4-65 所示。

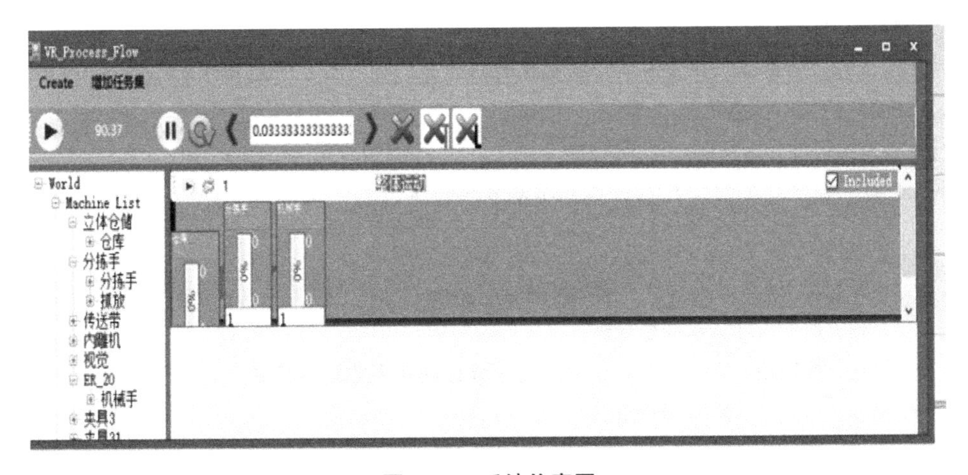

图 4-65　系统仿真图

为了方便读者能够进一步了解智能生产线仿真搭建后期的运行情况，在仿真时进行了视频录制，使读者在对软件进行操作时能够更加得心应手。相关仿真视频文件请使用微信扫描右侧二维码观看。

仿真视频

文中所涉及的半成品模型请使用微信扫描右侧二维码观看。

半成品模型

参考文献

[1] 聂祚仁. “智能制造领域大科研推进计划”专题序言［J］. 北京工业大学学报，2017，43（07）：1129-1136.

[2] 刘九如. “工业4.0”中国版：两化深度融合［J］. 中国信息化，2014，239（15）：5-7.

[3] 欧阳劲松. 协同制造：通往智能制造的最高境界［J］. 互联网经济，2019（Z2）：44-47.

[4] 宋象军. 虚拟实验室在高校实验教学中的应用前景［J］. 实验技术与管理，2005（01）：35-37，47.

[5] 李延锋，刘媛媛. 网络虚拟实验室体系结构研究［J］. 山东煤炭科技，2009（05）：113-115.

[6] 李长久. 美国“再工业化”传递经济战略意图［J］. 当代社科视野，2014（01）：47-48.

[7] 汪诗林，吴泉源. 开展虚拟实验系统的研究和应用［J］. 计算机工程与科学，2000（02）：33-35，39.

[8] 黄志凌. 世界经济增长与新科技革命［N］. 经济日报，2015-03-03（014）.

[9] 陆燕. 智能制造时代机械设计技术的几点思考［J］. 内燃机与配件，2020（11）：218-219.

[10] 宋波. “智能制造”背景下创新型高技能人才培养策略探究——青岛市智能工业机器人相关产业人才需求调查分析［J］. 中国培训，2018（05）：11-12.

[11] 付红，徐田柏. 智能制造时代中国高等教育创新人才培养模式［J］. 平顶山学院学报，2018，33（03）：95-98.